不要窩在自己打造的小箱子裡

打破「自我」框架，改變組織，改變人生

THE OUTWARD MINDSET

How to Change Lives and Transform Organizations

亞賓澤協會 The Arbinger Institute——著
葛窈君——譯

若能縮小自我，人生將變得多麼寬廣！

——G・K・卻斯特頓（G. K. Chestertion）

口碑推薦

這是一本啟發思考、開創新局的書，裡面充滿生動的真實範例，條理清楚，敘述有力，讓我們看到一種更好的做事方式。

——金・麥卡錫（Gene McCarthy），亞瑟士美國公司（ASICS America）總裁暨執行長

想要恢復大眾對警察信任的所有人，都應該來讀這本書，用書中介紹的原則做為努力的基礎。我想不出有什麼情境不適合指定閱讀這本書。

——喬・漢姆（Jon Hamm），加州公路巡警協會執行長

本書以深具說服力的方式，呈現如何讓團隊團結在一起，締造佳績。這本書一翻開就讓人無法釋手，而且我運用了書中的架構以後，立即看到實際的成效。

——丹・西莫夫（Dan Shimoff），麥格羅希爾教育集團（McGraw-Hill Education）副總裁

這本書和亞賓澤協會的其他作品一樣，直指核心且發人深省，讓你徹底改變做人與做事的態度。

——約翰・費可尼（John Fikany），速貸公司（Quicken Loans）策略副總裁

如果你想要知道怎麼領導屬下活出不一樣的人生、做出一番事業，就一定要看這本書。這本書會改變你在工作、社群、家庭中面對挑戰時的應對之道。

——伊莉莎白・霍爾（Elizabeth Hall），奎奇電信公司（Cricket Communications）人力資源部前副總裁

本書提供的創見及實用工具讓我躍躍欲試；試了以後的成果讓我非常驚訝，不管是與人的對話、反應和行為都迅速變得更好。

——蓋瑞・賴丁（Gary M. Riding），三星電子美國公司（Samsung Electronics America）資深副總裁

亞賓澤協會的另一本傑作！容易上手，改變深遠。

——克瑞格・廷吉（Craig Tingey），力拓集團（Rio Tinto）領導人才育成部門總顧問

本書徹底改寫了文化轉型與變革管理的策略，是一本非常重要的著作。

——羅伯托・桑切斯・羅梅洛（Roberto Sánchez Romero），艾佛瑞斯公司（Everis）企業文化與價值全球主管

本書提供了自我問責的絕佳架構。我推薦本書給想要發動自己和團隊或整個組織去達成共同目標的領導人。

——南西・墨菲（Nancy Murphy），考克斯通訊公司（Cox Communications）學習事業部執行董事

領導者若能秉持向外心態為他人服務，將能助長合作的風氣，使每個人因而

獲益。閱讀本書可以讓你了解偉大的僕人領袖是怎麼想的。

——肯尼斯・布蘭查德（Kenneth Blanchard），《一分鐘經理人》（*The One Minute Manager*）和《合作從你開始》（*Collaboration Begins with You*）共同作者

這是一本好看好讀的書，在輕鬆的氣氛中收到潛移默化的強大效果。書裡有很多引人入勝的故事，要傳達的訊息清晰明確，令人信服且實用。如同亞賓澤協會先前的著作，本書介紹的理念是改變的基礎，確實能夠改變人生，改造組織。

——范・澤克（Van Zeck），美國財政部國債局前局長

向外心態是釋放人類潛能與可能性的基石，讓組織在資源有限的情況下能夠存續，甚至逆向成長。

——傑夫・克爾（Jeff Kerr），美國合眾銀行（US Bank）副總經理

本書文筆流暢，字字珠璣，思路清晰，刻劃出極為重要的主題，對個人、組織和家庭都極有幫助。

——勞勃・戴恩斯（Robert Daines），史丹佛法學院普利茨克（Pritzker）法律與商學教授

真實而引人入勝的說故事手法，讓本書輕鬆易讀，這些實際發生的故事，讓我們學到顧及別人的需求不僅是理所當為，而且符合商業利益。

——班傑明・卡舒（Benjamin Karsch），露華濃公司（Revlon）執行副總裁暨行銷長

本書描繪出的待人處事之道能夠扭轉關係，豐富人生，加速推動組織業績，是難得一見的「三冠王」之作：精闢、精彩、實用。

——蔻瑞・賈米森（Corey Jamison），XpereinceU 人才培訓顧問公司總裁暨執行長

本書透過實際的例子讓我們看到，當我們的目光超越自我看到其他人的需求時，組織和個人會發生多大的變化。任何類型的大小組織，都能透過書中的概念得到轉型的力量。

——戴夫・弗里德曼（Dave Friedman），思傑系統公司（Citrix）執行長辦公室幕僚長

發人深省且非常實用的一本書！幫助我從全新的觀點去看我的個人生活以及職業生活。

——湯姆・迪多納托（Tom DiDonato），李爾公司（Lear Corporation）人力資源部資深副總裁

這本書鮮明地描繪出向外心態在職場上與在家庭中的具體效益。看了這本書之後，讓我充滿希望與動力，相信自己可以做得比現在更好！

——羅德・拉森（Rod Larson），史班代公司（Spandex）執行長

這是一本指導個人和組織實現心態轉變的詳細指南。比起改變程序或其他任何事物，改變心態才能獲得真正的成果。

——尼歐・麥克唐納（Neil McDonough），富萊斯康公司（FLEXcon）總裁暨執行長

概念簡單但深刻，適用於工作和家庭中。強調心態改變優先於其他領導作為的見解，十分中肯。

——賽門・凱爾納（Simon Kelner），默克藥廠（Merck）人才發展全球主管

本書是一本輕鬆好消化的實用指南，適合所有人——從執行長和其他領導者開始，最重要的職責就是透過向外心態的鏡片去看每一件事，並且幫助其他人跟著這樣做。

——阿利斯泰爾・卡麥隆（Alistair Cameron），亞瑟士歐洲、中東、非洲（ASICS EMEA）執行長

在今日瞬息萬變的複雜環境中，向外心態是成功的關鍵。本書詳細說明個人和組織要如何實現這樣的心態轉變。我強力推薦這本書。

——瑞克・德黑爾（Rick Dreher），Wipfli會計事務所執行合夥人

向外心態是領導效能的基礎。所有關係都建立在向外心態之上。

——布萊德・巴特龍（Brad Botteron），瓦施特公司（Wachter）執行長

本書介紹的方法很有意思，能在組織內實現持久的改變——同樣的改變也適用於待人處事。採用「向外心態」的組織和領導人必定能夠成為贏家。

——伊曼紐・薛哈夫（Emanuel Shahaf），科技亞洲顧問公司（Technology Asia Consulting）執行長

不論個人或組織都應該要讀這本書，並且深刻反省。

——喬・法洛（Joe Farrow），加州公路巡警局局長

想要創造卓越的個人和組織成就的每個人，都必須閱讀這本書。

——皮爾斯・莫飛（Pierce Murphy），西雅圖市專業問責辦公室（Office of Professional Accountability）主任

這本書捕捉到我們所有人面對現今日新月異環境所需要的領導技能。

——克里斯・康諾利（Chris Connally），聖若瑟警察局局長

這本書以我從未見過的方式直指組織行為問題的核心，我很想要效法書中介紹的人物那樣，專注於幫助其他人達成目標，從而產生深刻的影響。

——琳賽・哈德利（Lindsay Hadley），全球公民音樂節（Global Citizen Festival）二〇一二及二〇一三年執行製作人

讓人脫胎換骨的一本書！向外心態保證讓你做得更好、過得更好。

——尚馮索・多津（Jean-François Turgeon），特諾公司（Tronox）董事長

對於那些力圖自我提升，想要促進團隊合作且達到世界級成就的組織來說，應用本書的原則可以得到絕大的優勢。額外的好處是，個人的人際關係也會變好！

——鮑伯・米勒（Bob Miller），IBM全球客戶處長

目次

Part 3

邁向向外心態

Part 4

改變心態後的加乘效應

前言

想想看在你生命中遇到的這些人：

- 你最喜愛的三個人
- 對你產生過最正面影響的兩個人
- 你遇過的最棒的上司
- 激勵你盡全力去做事的人
- 你最喜歡的三個同事
- 你最尊敬的人

想一想你為什麼喜歡這些人、和他們有良好的互動、願意為他們而努力，並且尊敬他們。我們的猜測是，你所想到的這些人有一個共通點：你感覺到被他們重視。他們看待你、與你相處的方式，讓你覺得自己在他們心中占有一席之地；而你會有這種感覺，是因為他們確實把你放在心上。本書就是要探討這種讓人欣賞及讚歎的特質——我們稱之為「向外心態」（outward mindset）的待人處事模式。

英文中的「mindset」這個字，通常指「關於自我的一套核心信念」，中文常稱為「心態」。我們在協助個體和組織改革這方面累積了超過三十年的經驗，發現到促成改變的最有力槓桿，不是扭轉自己的信念或想法，而是徹底轉換自己看待他人的方式，從全新的角度去考慮自己與他人之間的連結，思考彼此之間的義務和責任。本書將探討以自我為中心的「向內心態」以及考慮到其他人的「向外心態」，這兩種心態之間的差異，協助讀者在工作、生活中，以及領導其他人的時候，更能從向外心態出發去思考。本書將指引你建立更具創新能力、更緊密合作的團隊與組織，讓你明白為什麼你會喜歡某些人，並且懂得如何向這些人看齊。

本書可以單獨閱讀，也可以搭配我們先前的著作《有些事你不知道，永遠別想往上爬！》（*Leadership and Self-Deception*）及《和平無關顏色》（*The Anatomy of Peace*）一起閱讀。本書是我們針對改變心態的最新研究成果，以明確具體的步驟，指導讀者實現心態的改變，包括個人、團隊、家庭以及整個組織內的變革。

我們先前的著作採用虛構的故事來鋪陳概念，這本書則是由許多真實的故事組成，其中也有我們客戶的實際經驗。每一章都環繞著一到多則這類故事而展開，需要匿名的地方已經修改過細節與名字，避免被認出來。

要培養向外心態的習慣，必須學習跳出小我的框架。我們希望本書能讓各位讀者清楚認識向外心態是什麼、如何養成向外心態，以及向外心態能在工作及家庭生活中獲得的豐碩成果。

Part 1
新心態

1 換個角度看世界

在密蘇里州的堪薩斯市，兩輛黑色廂型車沿著沃巴什道（Wabash）前行，車上載著堪薩斯市警察局特警隊（SWAT）的成員，正要執行非常危險的毒品搜查任務，而且這已經是當天的第五起搜查任務。這起任務的危險程度達到頒布「免敲門搜查令」，也就是說特警小隊將不做任何預告就直接衝進目標建築物內。特警小隊的成員從頭到腳穿著黑色服裝，臉上戴著只露出眼睛的面罩，防彈頭盔和防彈衣讓他們看起來很嚇人。

帶頭的那輛廂型車駕駛人是資深小隊長查爾士・胡斯（Charles "Chip" Huth），暱稱為「奇普」，他擔任一九一〇特警小隊的隊長已經八年了。他看見這次行動的目標住宅後便放慢了車速，隊員們盡可能安靜迅速地從兩輛廂型車魚貫而下。

三名警員衝向房屋後方找掩護，準備在嫌犯逃亡時加以圍捕。包括奇普在內的其他七個人跑向前門，其中六人手上舉著槍，第七個人拿著一把身經百戰的破門錘，用力砸開了門。

他們大喊：「警察！統統趴下！」屋內一團混亂，男人爭先恐後地跑出房間，有的衝向樓梯，有的沿著走廊往前跑，小孩子全都嚇得動彈不得，站在原地尖叫，一些女人驚恐地蜷縮在地板上，其中幾個女人的懷裡還護著正以最高分貝尖叫的嬰兒。

兩個男人（後來證實是兩名目標嫌犯）想要拿武器，立即被警官給制伏，警官對他們喊：「想都別想！」接著扭轉兩名嫌犯的手臂，將之銬在其身後。

由於屋內有很多小孩，所以場面比大多數情況更顯得雞飛狗跳，不過在五分鐘內，兩名嫌犯已經臉部朝下趴在客廳地板上，其餘住戶則被集合至餐廳。

特警隊員確認所有人安全無虞後，開始展開搜索，他們的目標明確，動作俐落。奇普注意到隊上的前鋒鮑伯・埃文斯（Bob Evans）離開房間，心想鮑伯應該是和其他人一起去搜索了。

過了幾分鐘，奇普沿著走廊前進時經過廚房，看到鮑伯正站在廚房的水槽前面。在此之前，鮑伯已經翻遍了廚房的櫥櫃以尋找白色粉末——不是用來控告被逮捕的嫌犯的毒品證據，而是一種此刻更迫切需要的白色粉末——嬰兒奶粉。外面的幾個小寶寶哭個不停，母親們當然會情緒激動，而身為奇普帶領的頂尖小隊中的菁英鮑伯，正在想辦法幫助他們。奇普看到鮑伯的時候，鮑伯正拿著奶瓶在泡牛奶。

鮑伯看著奇普微微笑，聳聳肩，接著拿起奶瓶發給抱著哭泣寶寶的母親們。奇普很高興看到這一幕。他自己沒想到泡牛奶這件事，但他完全了解鮑伯的用意。

這一個體貼的舉動改變了整個局面。大家冷靜了下來，奇普和他的隊員得以清楚說明情況，之後順利把兩名嫌犯移交給警探。不管怎麼說，沖泡嬰兒牛奶這個舉動是如此奇異而出人意料，大部分警察恐怕只會覺得荒謬——包括這個特警小隊的成員在短短幾年之前也是這麼想的——可是如今在奇普的小隊中，這種為他人著想的反應已經是常態。

以前可不是這樣的。若要知道一九一〇特警小隊為什麼發生了這麼巨大的改變，首先必須認識奇普坎坷的成長背景以及他在堪薩斯市警察局的經歷。

奇普出生於一九七〇年，父親是職業罪犯，酗酒且有暴力傾向，母親有思覺失調及躁鬱症。奇普的父親在家時，全家常在美國南部各州不斷搬遷以躲避法網；父親不在時，奇普和兄弟姊妹及母親，大部分時間都住在車上，靠回收空罐和紙箱維生。

有一次父親回來找他們並承諾會改變，結果他對家人的虐待行為卻是變本加厲。當時十歲的奇普起而抵抗，終於促使母親下定決心找來丈夫唯一懼怕的人——她的哥哥。這個曾經在特種部隊服役的哥哥，趕來帶他們離開這個男人，他對奇普的父親說：「我是來帶走我妹和孩子的。要是你敢離開那張沙發，這會是你這輩子做的最後一件事。」那是奇普最後一次見到父親。

奇普的父親痛恨警察，這正是奇普成為警察的最大原因。他在一九九二年進入堪薩斯市警察局，擔任巡警三年後轉調至特警隊，四年後成為警校的講師，指導學員使用武力和槍械的相關規範。二〇〇四年奇普升任為特警隊小隊長，當時警察局長認為一九一〇和一九二〇特警小隊這兩個偵查部門的強力武器已經失去控制，奇普就是被派來整頓問題的人選。

然而局長可能沒有發現，奇普那時的心理狀態比較適合率領這樣的團隊，而不是去改變它。他總是力求工作表現勝過所有隊員，好在必要時可以擺出高姿態來教訓他們。感覺受到威脅時，他總是以暴力威嚇回應，他情緒不穩定的程度，恰好足以讓隊員守規矩。

奇普對待一般大眾的態度甚至更嚴厲，在他的觀念中，世界上有一些壞透了的人（他自己的父親就是一個例子），若要對付這些人，必須讓他們深切後悔自己的犯罪行為。他的小隊每次都用非常激烈的手段逮捕嫌犯，也不太會想到要尊重別人的財產和寵物。舉例來說，奇普隊上有些人會把菸草汁吐在嫌犯的家具上，或是遇到可能咬人的狗時，對準狗腦袋就是一槍，而且這類情況不在少數。

奇普的小隊是堪薩斯市警察局中接到最多投訴的單位之一。其中部分投訴是可預期的，因為比起在街上執勤的一般警察，特警隊往往會造成更多損害。話雖如此，對這個小隊的投訴率高到驚人，相關的訴訟費用更成為警局的一大負擔。奇普卻不認為這有什麼問題，他認為特警隊就是應該用這種方式執行任務。事實上，他認為自己和小隊收到愈多投訴，愈能夠證明他們做得對！

奇普帶領一九一〇特警小隊兩年後，堪薩斯市警察局的另一位警官傑克．柯維爾（Jack Colwell）幫助奇普看清了一些關於他自己的真相——

看清楚他成為了一個什麼樣的人，以及他的態度和做法其實有害無益，將使他的隊員和任務陷於危險之中——這些真相讓奇普十分震驚。

與此同時，奇普和十五歲的兒子之間恰巧發生一件讓他驚心的插曲：有一天放學後，奇普開車載兒子回家，他看出兒子有心事，於是提了一個又一個問題，卻沒有得到回應。奇普問兒子：「為什麼你不肯告訴我你在煩惱什麼？」兒子回答：「你不會懂的。」奇普又問：「怎麼說？」然後兒子的回答是：「因為你是個沒感情的機器人，爸。」

這句話深深刺傷了奇普的心。或許也是因為這句話，讓奇普準備好接受傑克給他的建議。奇普開始思考自己變成了一個什麼樣的人。他曾經相信在這個邪惡兇殘、人人互相鬥爭的世界中，為了求得生存和成功，必須事事懷疑，先發制人。但是現在他開始體悟到，這種態度無法阻止惡意和鬥爭，反而會使情況更惡化。

這些體悟讓奇普開始踏上改變的路，結果促成了他所帶領的特警小隊工作模式徹底轉變。以往一九一〇特警小隊每個月都會收到二至三則投訴，內容多半是過度使用武力，平均每一起投訴會讓警局付出七萬美元。但是在隊員改變態度之後，六年來再也沒有收到任何一則投訴。現在他們很少會把別人家搞得滿目瘡痍，也不會隨便射殺狗；他們甚至請了一位訓狗專家，來教他們怎麼控制可能攻擊人的動物。還有，他們再也不亂吐菸草。奇普告訴隊員：「除非你們能夠告訴我，在別人家嚼菸草對任務有什麼幫助，否則就別這麼做。」當然，他們還會幫嬰兒泡牛奶。

這些改變讓嫌犯和社區內的人，更願意配合奇普以及他的小隊，成果讓人驚異。除了投訴率降低到零，在一九一〇特警小隊採用新工作模式之後的前三年內，繳獲的非法毒品和槍枝超過之前十年的總和。

是什麼改變了這個團隊的態度和工作成效？因為團隊成員採取了截然不同的心態：我們稱之為「向外心態」的思考、看待事物的方式。

另一個和奇普小隊類似的故事，是一家極受推崇的護理機構共同執行長——馬克・巴利夫（Mark Ballif）和保羅・哈伯德（Paul Hubbard），如何用向外心態打造組織。幾年前，他們去紐約市會見一家老字號私募股權公司的投資總監群；對馬克和保羅來說，這種會見潛在資本投資人的機會並不稀罕，因為過去五年來，他們的總營收和獲利的年複合成長率，分別是三十二％和三十％。

這家私募股權公司的執行合夥人問他們：「所以說，你們讓超過五十家護理機構轉虧為盈？」

馬克和保羅點頭。

「你們是怎麼辦到的？」

馬克和保羅互望，等著對方回答。最後馬克開口說：「這一切都要靠找到並培養正確的領導人。」

「那麼你們最看重什麼樣的領導人特質？」馬克和保羅感覺彷彿像在法庭上接受盤問。

保羅回答：「謙遜。要看一個領導人有沒有辦法扭轉劣勢，這是最重要的特質。成功的領導人要夠謙遜，才能看到自身以外的事物，並且了解手下的人有哪些能力和長處。他們不會假裝自己什麼都懂，而是會創造出一個環境，鼓勵所有人擔起應負的責任，找出辦法解決眼前面臨的問題。」

會議中的其他成員全都看著面無表情地坐在原位的執行合夥人。

最後執行合夥人用一種高高在上的語調說：「謙遜？你是在說，你們買下了五十家快要倒閉的護理機構，然後透過在每一家機構找出謙遜的領導人，讓這些機構轉虧為盈？」

「對。」馬克和保羅回答得毫不遲疑。

執行合夥人盯著他們看了一會兒，然後推開椅子站起身，說：「我看不出這有什麼道理。」然後他只簡單和他們握了手，就轉身大步離開會議室，放棄了投資業績優異公司的大好機會，只因為他無法理解這家公司的成就怎麼會是依靠像保羅描述的那種「看到自身以外事物」的領導者。

差不多十五年前，保羅、馬克和另一個早期的合夥人，決定嘗試自己開公司。雖然他們三個人在健康護理領域的經驗不到十年，但認為可以在這個問題多多的產業中，創造一個與眾不同的組織。於是他們開始收購競爭對手棄之唯恐不及的機構，他們確信這些遭逢財務和臨床困境的問題機構，所欠缺的要素不是正確的人，甚至也不是正確的地段，而是欠缺正確的心態。他們採用了一套有系統的方法，實施本書中引介的原則。

馬克說明他們的經驗：「有些競爭者迫不急待想要脫手，因為他們認為這個團隊本身有缺陷。我們的理念是，我們可以接手因為領導不善而表現糟糕的機構，然後幫助現有的團隊看到可能的展望，他們自己就可以逆轉劣勢。」

他們買下第一批護理機構時，發現了一套不斷重複的模式，幾乎每次收購時都會再次出現，那就是即將離職的領導人為了向他們示好，會列出一份建議開除的五人名單，告訴他們如果想要有機會轉虧為盈，就必須開除這些人。保羅和馬克回憶道：「我們會謝謝他們給的名單，然後開始工作。結果這五人當中的四個，一定會變成表現最優異的人。」

想想看這代表了什麼？如果說在換了新的領導人和新的工作模式以後，「問題人物」可以變成「明星人物」，那麼要改善或甚至逆轉整個組織的情況時，該做的不是請表現不好的人走路，而是應該幫助人們看清楚最重要的事，也就是要改變心態。

保羅解釋：「領導人如果一上來就說：『理想情況是這樣那樣，現在你們去執行我看到的願景。』那肯定不會成功。就我們看來這完全是錯的。」他繼續說：「領導人確實應該指出一個目標、使命，或是可能達成的範圍，不過謙遜的好領導人還會幫助人們看見。當人們清楚看見目標的時候，才會積極主動，發揮全力，這樣才能成為工作的主宰者。如果人們能夠憑自己的意志去執行自己看到的東西，而不僅僅是照著領導人的指示去做，就可以隨時修正路線，以因應千變萬化的特定情境需求。這種應變能力及靈活度，不是你能夠管理、強迫或是透過精心編排而得到的。」

馬克和保羅在親自經營最初的幾個機構時，很早就學到了這些教訓。他們用心觀察，發現自己常常遇到像特警隊需要幫嬰兒泡牛奶的情況——不管當下的情境需要他們做什麼，去做就對了。隨著收購的機構數目增加，他們需要更多能夠用向外心態來經營這些機構的領導人——這些人會在需要時沖泡嬰兒牛奶，並且協助其他人學會做出相同的反應。

本書的目標就是幫助讀者認識這種合作方式，認識這種創新以及應變的能力，知道如何用向外心態去看事情、思考、工作、領導別人，從而讓個人、團隊和整個組織的表現大幅進步。

剛開始，你可能就像那個馬克和保羅在會議中遇到的私募股權公司執行合夥人，認為我們介紹的概念不怎麼有道理。你可能懷疑這些概念對你目前面臨的挑戰不會有幫助。我們誠摯邀請你留下來，聽我們說完，你將學到一套可據以行動的方法，它可以重複用在各種規模的情境中，扭轉你個人、團隊和整個組織的表現。

同樣重要的是，你也會開始用不同的眼光，去看工作以外的情境。你會看到更好的新方法，去和你在乎的人互動，包括那些你覺得很難相處的人。本書中介紹的每一項原則，在工作與家庭生活中都同樣適用。這也是為什麼我們收錄的故事，包括企業、家庭和個人故事，在每一個領域中學到的教訓都可以應用在全部的情境中。

這趟旅程始於奇普、馬克和保羅共同秉持的基礎信念：心態是我們所有作為背後的原動力，形塑了我們的行為，包括我們如何與其他人互動，以及在每一刻、每一種情境中的舉動。

2 是什麼塑造了我們的行為？

圖 1　行為模式

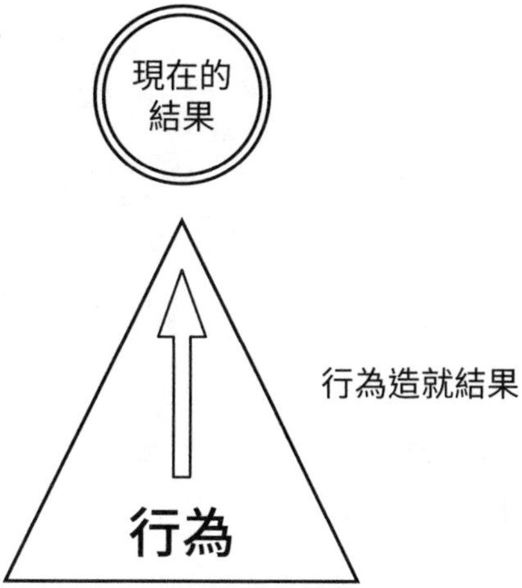

市面上探討個人進德修業與組織改造的書籍多如牛毛，這些書敘述了成功者所採取的行為和行動，隱含的承諾是：只要複製他們的行為，你也能達到相似的成果。這套方法的基礎概念很簡單，就是「行為造就結果」，而這個概念可以畫成如圖 1 的行為模式。圖中的三角形代表個人或組織採取的行為或行動，可以看出這個模式的基本假設是：一個人或組織的所有行為集合起來，造成了所達到的結果。

「行為造就結果」乍看之下是個不證自明的概念，但是一定有很多人曾經嘗試複製書中的行為套路，採行同樣的領導作為或是模仿相同的人際技巧，想要得到同樣令人羨慕的成果，最後卻沮喪地舉雙手投降，大嘆：「這根本行不通！」

這樣的經驗告訴我們：這套模式有問題。我們可以舉出至少兩個理由來說明這套模式的問題。

第一，試想一個簡單的例子：假設米婭參加了改善溝通技巧的工作坊，在兩天的課程內學到一系列的新技巧，像是詢問開放式問題以徵求對方意見、別人說話帶有攻擊性時該如何應對，或是反過來遇到逃避或完全拒絕溝通的人時該怎麼辦。米婭練習了用自己的說法重述別人說的話，來表示自己有認真在聽；學習用更試探性的言語來引發對方的回應；還學到如何善用非語言的提示，像是展現愉快的表情和態度、維持目光接觸等。

米婭回到工作崗位上時，決心要學以致用，她想要看看這些技巧能不能幫助她和同事卡爾的互動，她和卡爾一向處不來。其實她非常討厭卡爾，不信任他，只要卡爾在附近，她就渾身不自在。

想一想，當米婭開始在和卡爾的談話中運用新學到的技巧時，可能會發生什麼事？有沒有可能在米婭改變行為後，讓她在卡爾眼中顯得截然不同，於是他們之間的關係大幅改善？或許吧。然而，不管米婭用了什麼新技巧或是採取什麼樣的行為，唯有在她真正感覺到自己對卡爾有不同看法的情況下，才有可能讓卡爾對她有不一樣的感覺。

如果米婭對卡爾的感覺和從前一樣沒有改變，而且卡爾察覺到這一點的話，他可能會覺得米婭改變行為這件事很奇怪，不知道米婭的目的是什麼。他甚至可能懷疑米婭是在試圖隱瞞什麼重要的事情，才會用表面的改變做為掩飾。

要是卡爾有這種反應，我們的結論可能是：米婭的新行為並沒有造成什麼差異。事實上，這整件事甚至可能增加兩人之間的緊繃局勢，米婭學會了更好的新技巧，結果卻使得情況更糟，而不是更好。

這並不表示米婭的新技巧本身有問題或有害，但是這個例子確實顯示出：除了改變行為，還有其他重要因素左右著我們的成敗。倘若真是如此，那麼要讓我們的行為得到成效，在很大程度上必須仰賴某個比行為更深層的因素，而前面提到的「行為造就結果」模式並沒有考慮到這個因素。因此，這個模式並不完整，是一個會造成誤解的模式。

行為模式有問題的第二個原因，可以用奇普和特警小隊的例子來說明。他們的故事之所以震撼人心，有部分是因為非常出乎意料，你很難想像特警隊員執行任務到一半，突然跑去沖泡牛奶給嬰兒喝，倒不是說大部分特警隊員不願意做這件事，而是從一開始就不會想到要做這件事。為什麼不會？因為從事這類職務的大多數人，其普遍的心態不利於這種發想。

在此所談的「心態」，是指人們如何去看這個世界，包括如何看待其他人、如何看待身處的情境、面臨的挑戰與機會，以及義務與責任。人們如何看待自己的位置和可能性，決定了他們所採取的行動。

總結來說，針對純粹仰賴改變行為來改善表現的方法，我們提出了兩個核心問題：

1. 如同沖泡嬰兒牛奶的例子，人們選擇做出的行為（他們根據所處情境判定為正確、有幫助的行為），取決於他們如何看待這個情境以及互動的對象。所以說行為造就結果，而行為本身則是由個人的心態所塑造出來的。

2. 從米婭的故事可以知道，一個人無論做什麼事，都會顯露出其背後的心態，其他人會根據「行為和心態」這兩者的結合做出回應。也就是說，行為的成效在很大程度上取決於心態。

為了呈現實際的情況，請見圖2「心態模式」。若是放在組織變革的架構內，這個模式可以給我們什麼啟示呢？我們至少可以肯定，比起行為和心態兩者同時改變，如果是根據圖1中不夠完整的行為模式，一味只注重改變行為，那麼想要達成改善結果的機會，必定更為渺茫。

圖 2　心態模式

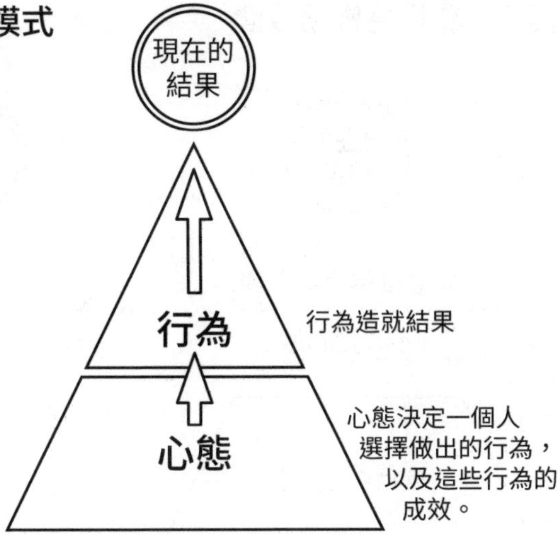

麥肯錫公司（McKinsey & Company）的研究也印證了這一點，一項研究發現「倘若無法認知到心態的重要性並加以改變，會使整個組織的變革窒礙難行」；[1]另一項研究則發現企業組織「若能在一開始就辨識並處理心態問題，比起忽略這項處置的公司，在推動組織變革方面的成功率是四倍之多」。[2]想想看，在想要實現改變的人當中，專注

圖3　靠行為推動改變

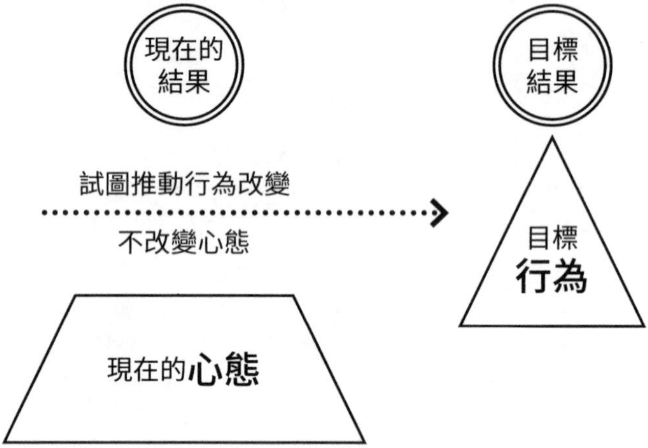

於改變心態的成功機會，是只注重改變行為的四倍！

看完這些研究結論，我們再來想一想以下兩種不同的改善方法。第一種方法是完全忽略心態，透過推動行為的改變來達成改善的目標，如同圖3所示。

如果有一個人或一家公司試圖讓人們採取新的行為或行

動，卻沒有相應的心態在下面支撐，你認為這樣的改變會成功嗎？

在會議中被我們問到這個問題的一位主管回答：「有些領導者透過個人魅力、意志力或是不斷用微管理的方式，或許可以在短期間內達到改變的目標，而不需要有一定程度的心態改變。但是依我的經驗，這種改變沒有辦法持續很久。等到這個領導人一走，或者甚至還沒走，馬上就恢復原狀了。」

會議中的其他人紛紛表示同意，其中一個人說：「如果組織內的普遍心態沒有改變，通常大家會抗拒改變行為。員工可能會展現『服從』的行為，這在某種程度上是可以達成的，但是心態不改變，就不會有『心甘情願投入』的行為，而心甘情願投入的行為，才能夠造成最大的差別。」

你的經驗也是這樣嗎？在你的工作和家庭生活中，當人們試圖在心

圖 4　由心態帶領改變

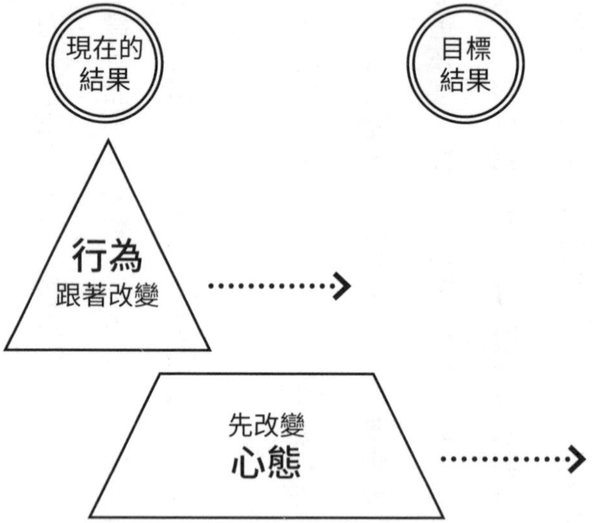

態不變的情況下推動行為的改變時，你觀察到的結果是發生了什麼（或沒發生什麼）？

接著讓我們來比較另一種方法，不只注重行為，也重視心態的改變。圖4顯示出奇普在他率領的特警小隊中，透過改變心態來帶動行為改變的方法。

奇普的小隊把重心放

在改變心態，因而讓他們的行為和得到的結果有了戲劇性的改善。從他們的故事中可以得知，不論是個人或團隊組織，一旦心態有了長足的改進，就不必再去一一指示每個成員什麼時候該做什麼（這正是遵奉行為模式的人時常採行的方式）。隨著心態改變，行為也會跟著改變，無須刻意規定，自然水到渠成。而某些還是需要明文規範的行為，也不會被全體抵制。綜上所述，改變心態能夠促成持久的行為改變。

此外，隨著心態改變，人們會開始用以前想像不到的方式去思考和行動。奇普從來沒想過他的團隊會遇到需要幫母親們泡牛奶好安撫孩子哭喊的情況，所以他從來不曾指導隊員這樣做。然而由於他以身作則，努力讓團隊成員建立起不同的心態，因此他不需要事先設想到這種情境或是預先下命令。這種意料之外的新情境出現時，他的一個隊員就自己想到了該做什麼才是正確的；正確的心態激發出了對當時情境最有幫助的行為。

在下一章我們將開始探討促成正確行動的心態。

3 兩種心態

露易絲・法蘭契斯寇尼（Louise Francesconi）在億萬富豪霍華・休斯（Howard Hughes）旗下公司之一擔任總裁時，遇上了產業整併，主要競爭對手買下了她所領導的公司。併購之後來了一道指令：露易絲及其主管團隊必須削減一億美元的營運成本，期限是三十天。這道指令背後隱含著「做不到就走著瞧」的威脅，於是露易絲找我們幫忙解決這項挑戰。

你可以想像露易絲和領導團隊背負著多大的壓力，他們的前途握在收購方主管團隊的手上，砍一億美元的難題就是決定去留的考題。

所以露易絲的團隊別無選擇，只能照辦，不僅是整體必須達成指令，還要展現出自己統帥個別產品線的能力。可想而知，這件事在團隊中製造出緊張的氣氛，每一個主管都把焦點放在如何盡量保護自己的勢力範圍，心裡認為其他同事應該承擔削減開支的大部分責任。這樣的想法雖然沒有明白說出口，但是在大家輪流向團隊報告自己可以做到減少哪些費用時，情勢就變得很明顯，人人都只願意象徵性地削減自己部門的預算，附帶振振有辭的說明為什麼多砍自己的預算會對公司不利。他們同意要砍掉一億美元的唯一方法，就是裁掉一批人，而且都希望盡量裁其他部門的人。

眼見情勢陷入僵局，露易絲感到很挫折。她知道他們會想辦法砍掉一億美元，他們必須做到。但是過程會很痛苦，她擔心對團隊及公司的未來會產生不好的影響。

在我們輔導企業組織的經驗中，曾經多次見過這種僵局。歸根究柢，問題其實很簡單：公司的制度、獎勵結構、個人職業生涯目標和自尊心，全都讓人把焦點放在自己身上，只關心自己察覺到的需求和挑戰，而這樣的心態通常不利於團隊和整個公司。簡而言之，組織和成員變得向內思考，結果走入死胡同。

幸運的是，露易絲及其團隊找到一條出路，這都要感謝發生了兩件非常重要的事。第一件事是團隊開始思考，如果他們決定走裁員這條路，誰會受到影響？這些主管開始在白板上列出最有可能受到影響的人，然後一一討論裁員會對這些人造成什麼衝擊。

剛開始的討論氣氛顯得不太自在。他們在討論的是人，而且不是因為他們喜歡討論這件事，而是被要求做這件事。可是隨著名單和類別愈來愈長，討論氣氛變得熱絡了起來。他們開始認真考慮那些可能會被裁員的人。工會對這件事會有什麼看法？那些人失去工作後，其家人會怎麼樣？社會觀感會是如何？他們體認到裁員可能帶來的種種困難之後，漸漸變得傾向盡可能尋找替代方案。

這種共同心態的轉變，導致了第二項突破。當時正在協助露易絲團隊的亞賓澤顧問要求這些主管分組配對，利用接下來的兩個小時進行一對一面談，每個人要與二到三位同事對談。他們的任務有兩項，第一是必須盡可能了解彼此的業務領域，第二是在分享的過程中，每個人都必須思考自己可以做什麼去幫助對方，以保留對方業務領域內的重要部分。注意了，任務不是要幫同事砍預算，而是要找出每個人可以做什麼來幫助同事保住預算，也就是把錢留下來。

目標明明是要砍掉一億美元，卻要人想辦法幫忙同事不要削減預算，這個方法似乎顯得很奇怪。可是，在這些一對一面談中，奇妙的事情發生了。當這些人更了解各個團隊成員的工作內容之後，他們發現自己想要幫助同事解決難題。他們開始提議削減自己的業務範圍，以換取保存同事的重要業務。

其中一位主管在認識同事的工作內容以後，開始萌生一個點子：如果把他的部門納入這位同事的部門底下，豈不是絕佳的商業決策，而且可以省下很多錢？想想看這代表了什麼意義：一個直接向公司總裁報告的高階領導人考慮自降一級，屈居於到此刻為止都還與他平起平坐的同事之下。他把這個點子說出來與大家分享。

這樣的舉動和特警隊員泡嬰兒牛奶一樣，都是相當罕見的情況。之所以罕見，是因為公司組織內普遍的心態根本無法讓人想到這種做法，尤其是在露易絲和團隊成員身處的這種高壓情境之下。

光是這位主管願意把整個部門納入同事麾下的舉動，就為公司省下了七百萬美元。這還只是第一步，他們陸續想出了不少合作方法，既能達成砍一億美元的目標，還能同時改善組織，而不是造成傷害。原本這個難題可能導致團隊分化，或是因為不分青紅皂白砍預算，導致長期下來危及公司的營運，但最後危機變成了轉機，推動了創新的思考，使公司體質變得更健康、更好。

露易絲和主管團隊齊心協力因應這次挑戰的方法，成為了他們共同的工作模式，他們開始年年這樣合作。最初團隊成員需要花一整天一起為龐雜的組織設定年度目標，過了幾年後，完成任務的時間縮短到半天，到最後只需要一個小時就能解決，因為他們已經在日常工作中養成合作的習慣，設定年度目標的工作只是日常習慣的延伸。在這段期間內，公司業績加倍成長，跌破了專家的眼鏡：專家原本預測成長率不會超過五％。

讓我們來檢視一下，在面對砍一億美元的挑戰時，露易絲團隊一開始的方法和後來達成目標所採用的方法，有什麼差異。圖5展示出這兩者之間的不同。

團隊有個共同的目標，就是必須削減一億美元的成本。一開始他們關心的是自己在這家公司的未來，這是可以理解的。所有人都有強烈的動機要保住自己在組織內的地位。在這種心態之下，他們只能想到如何讓情勢朝向對自己有利的方向發展；圖5用一個指向自己的三角形來呈現這種行為，而我們稱這種思考方式為「向內心態」。

等到團隊成員掙脫了自私自利的思考框架，才能夠開始想到在向內心態中無法想到的選項。他們一起聚焦於共同的目標，轉變為「向外心態」。圖5用一個指向共同目標的三角形來呈現這種行為。

從圖5可以看出人們所做、所想的事，如何跟著心態變化。在向內心

圖 5　露易絲團隊的改變

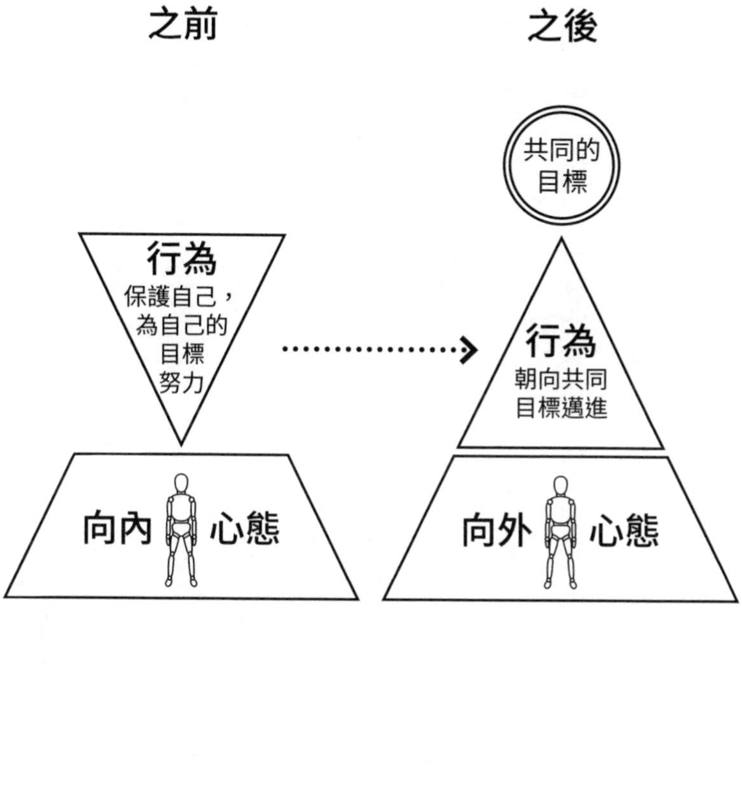

態中，人的行動是以圖利自己為前提。而在向外心態中，則會考慮到共同的目標，採取行動以朝向應該要達到的結果前進。

向外和向內這兩種心態分別位於一條線的兩端，如圖6所示。假設有個組織，裡面的所有人都抱持向內心態，組織的方針、慣例和做法也持續鼓勵向內心態；當然，實際上不會有這麼極端的例子，我們只是假設這種完全向內心態的組織位於這條線的最左端。再假設有一個完全向外心態的組織，同樣的，不會有哪個組織的所有人事物都是向外的，我們只是假設這樣的組織位於這條線的最右端。

亞賓澤協會在輔導客戶時，會評定客戶位於這條線上的哪個位置，也會請他們自評。這項評分是為了取得一個基準值，以便用來衡量進步的幅度。觀察人們如何給自己和組織打分數，是一件有趣的事。如果完全向內

圖 6　心態的連續光譜

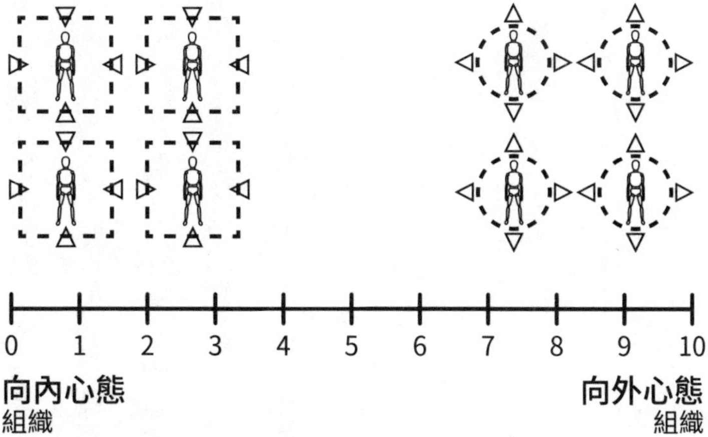

心態的分數是零，而完全向外心態的分數是十，只有少數人給組織的分數超過五，大部分自評的分數介於二到四之間。

平均而言，相較於組織整體的分數，人們給自己的分數更高，所以在公司內往往會得到這種不一致的自評結果：員工給自己的評分是七，給公司打的分數則是三。對於這種自欺的現象，我們在《有些事你不知道，永遠別想往上爬！》一書中已經詳細討論過了。

不論得到幾分，要實現的目標都是讓組織和個人往光譜的右端（也就是向外心態）移動。為什麼？因為隨著組織在策略、結構、制度、流程及日常工作中，愈常採用向外心態，各方面都會跟著進步，包括當責、合作、創新、領導統御的能力，以及文化氛圍、對客戶的價值都會提升。

4 看見真實

在前一章中，我們介紹了向內心態和向外心態，並看到這兩種心態在露易絲的主管團隊中產生的影響。我們看到這個團隊的心態從向內轉為向外之後，使他們能夠跳脫狹隘的自私自利框架，看得更遠，想得更多，因而想出更棒的可行方案。

轉換為向外心態以後，也會改變一個人如何看待其他人、如何與他人相處。這一點也顯現在露易絲團隊的經驗中。隨著心態轉為向外，他們的眼中不再只有自己的需求，也開始看到及考慮到其他人的需求和目標，包括同事的需求，以及那些可能受到裁員影響的人。當他們開始用這種方式思考，突破性的進展隨之而來。因為他們用不同的方式去看其他人，思考和行動方式也就跟著不同。

後面的圖7和圖8顯示出，隨著心態不同，一個人的行為表現以及對待他人的方式，也會跟著改變。這兩張圖中的大三角形，代表個人的目標和行為與其他人之間的關係。抱持向外心態時，個人的目標和行為會把其他人納入考慮，所以三角形的箭頭指向外；抱持向內心態時，個人的目標和行為都以自我為中心，所以三角形指向內。

這兩張圖還顯現出兩種心態的另一個重大差異，那就是對其他人的看法。向外心態的人會關注其他人的需求、目標和挑戰，真心把其他人當成人看待；而向內心態的人則是聚焦於自己，在他們的眼中，其他人並非有各自需求、目標和挑戰的人，而是被看成能幫助自己的物品：有幫助的人是工具，造成困難的人是障礙物，無關痛癢的人則不用理會。

要注意的是，內省和向內心態不可混為一談。如果省思的內容完全是關於自己，那就是向內心態；但如果省思的是自己和其他人之間的關係，

圖 7　向外心態與他人的關係

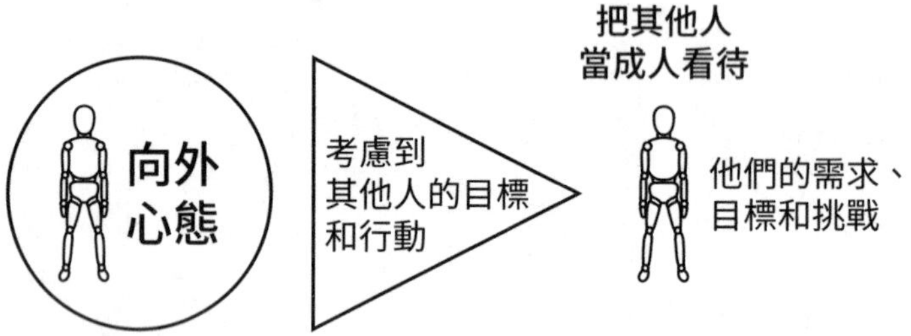

圖 8　向內心態與他人的關係

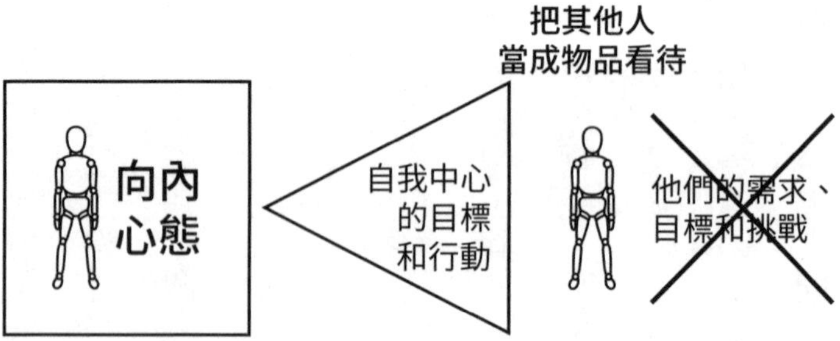

那才是我們所說的向外心態。有時候，內在的探索有助於看清楚自我與外部的連結。

這種向外心態式的內省，是我們在第一章介紹過的護理機構的關鍵策略。這家公司獲得成功的一個直接因素，是員工能夠刻意反思自己如何對待其他人，試著去體察及關懷同事與客戶的需求、目標和挑戰。

這家公司買下的第一批院所中，有一家機構長期處於財務和臨床兩方面的困境。這家機構有著人才濟濟的專業整合領導團隊，但是隨著時間過去，這些部門領導人忘記了他們踏入醫療領域的初衷。多年來的向內心態式管理，引發並強化了他們的向內心態，使他們時常視而不見自己的作為對彼此造成的影響，更重要的是對他們照顧的病患所產生的影響。

這家機構被收購之後沒幾個月，有個年長的越南籍病患從本地醫院轉入。這名病患前往美國另一座城市探望孩子之後，在返回越南的途中生了重病。她不會說英語，沒有家人在身邊，和工作人員連最基本的溝通都做不到，很快就成為一個問題人物，她不斷發生發洩行為，先是丟食物，然後是扔尿壺，每一次爆發都伴隨著怒吼，用沒有半個工作人員聽得懂的語言大喊大叫。

在開部門主管會議時，某位部門主管強力要求：「她必須出院。一定有哪個行為管束單位會收她。」另一位主管表示贊同：「最起碼我們得叫醫生開藥讓她鎮定下來。」

提完這兩個選項後，主管團隊起身準備散會離開。這時，其中一位成員像是自言自語般，小聲地用向外心態說出心中的疑問：「如果我是她，會有什麼感覺？」所有人停下腳步。她繼續說：「我只是在想譚女士的感受。她遠離家鄉，沒辦法溝通，沒辦法了解現在是什麼情況。她不知道為什麼我們要把她留在這裡，也不知道自己有沒有辦法回家。我想知道她在想什麼？在這樣的情境下，她有什麼感受？」

大家坐回原位。過了一會兒，膳食總監開口：「我家旁邊有一家小越南商店。我想如果她能吃到習慣的食物，可能事情會不一樣。我會上網找一些食譜，看看廚房能做出什麼。」社福主任開始搜尋當地的越南社群團體，當週就找到了一批志工來協助譚女士，每次排一個人在病床邊陪她說話、為護士提供翻譯服務。全體工作人員很快就動員起來找出各種方法，不僅使譚女士能夠忍受住院生活，更使這次住院成為她的愉快經驗。在這家機構的工作人員眼中，譚女士不再是一個需要處理的問題，而是變成了一個活生生的人，一個他們想要幫助的人。

值得注意的是，當這個團隊開始把譚女士看作一個人去考慮，接著最棒的想法就源源不絕地出現。奇普的特警小隊成員和露易絲的主管團隊也是這樣。真心把人當成人看待，而不是當成物品，能夠促進思考，想出更佳的方案，這是因為這種思考模式符合真實的情況：其他人也是實實在在的人，而不是物品。

一旦看見這個事實，就能在看似最不可能的情境中實現改變。艾文・寇尼亞（Ivan Cornia）和父親威廉（William）的故事就是一個例子。

艾文出生於一九二九年，在經濟大蕭條期間，他的父親蠟燭兩頭燒，白天在當地運河做工，晚上在家庭農場幹活，日夜操勞。威廉白天工作時的老闆是個苛刻的人，所以他經常帶著一肚子的氣下班回家。他試圖藉喝酒尋求安慰，結果酒精和怒氣的混合使他變得暴力，開始拿農場上的動物出氣。有一次，威廉在換馬蹄鐵的時候，馬兒猛地一踢，當場在他的腿上扯出一道傷口。威廉立刻跳起來，抓住一把鋼鐵銼刀，往馬兒頭上狠狠砸下去。當時小艾文正幫忙牽著馬轡，五百多公斤重的馬身就這樣轟然倒在他腳邊。他以為父親殺死了這匹馬。

艾文看過無數次父親揍牛、羊、狗，他一直活在恐懼中，害怕自己會是下一個受害者。

有一天，父子兩人一大早在穀倉裡，艾文在擠牛奶，爸爸在做其他雜事。這時，艾文隔壁畜欄的一頭牛甩了甩尾巴，尾巴末端剛好掃到艾文，上面帶著的一根芒刺戳中艾文的眼睛。艾文想都沒想就立刻跳起身，一把抄起原本坐在屁股下的擠奶鐵凳，一邊破口罵出曾經聽父親喊過的髒話，一邊狂揍那頭牛。等到發洩完怒氣後，艾文放下凳子一屁股坐下，準備繼續擠奶，卻忽然冒出一個恐怖的念頭：他剛剛痛揍的是父親最喜歡的一頭牛，而父親正在他身後大約十步遠的地方做事。艾文開始發抖，在凳子上縮得低低的，把頭埋進牛的側腹旁，心跳如雷地等待著，很肯定接下來要輪到他挨打了。

但是，父親並沒有走過來。

除了艾文沉重的呼吸聲外，穀倉內一片死寂。

過了似乎將近永恆的一段時間，艾文的父親輕悄悄走過來，拿了一張凳子在兒子身旁坐下。接著艾文聽到父親柔聲說：「艾文，如果你不再這樣做，我也不會再這樣做。」

過了大概七十年，艾文在回憶這段往事的時候說，從那一刻起，父親變成了他所見過最仁慈、最和善、最樂於助人的人。威廉・寇尼亞在一瞬間徹底改頭換面，並且堅持到底，不再喝酒、不再罵髒話、不再暴力，變成一個截然不同的人。認識威廉的人絕對想不到他會有這樣的改變，更別說是在一夕之間改變。他是怎麼辦到的？

威廉看到了兒子的需求，體認到他的作為影響了兒子，他必須為此負責，就在這一刻，他找到力量去做先前做不到的事。威廉的改變不只是在行為上，更重要的是他改變了想法和看法，所以結果才會讓人驚嘆。

以《湯姆貓》系列遊戲聞名的應用程式開發商Outfit7產品開發副總羅克・佐科（Rok Zorko）表示：「體認到你不能把人當成物品，而是要把人當成人對待，一旦你認真看待這個事實，就再也無法視而不見了。」威廉・寇尼亞的情況顯然正是如此，他看見了自己對兒子的影響，就再也沒辦法回到看不見的狀態。看到艾文的樣子，讓威廉走出了向內心態。

威廉、露易絲的主管團隊、奇普的特警小隊、協助譚女士的醫護人員，這些人都看到了自己以外的東西，察覺到周遭人的需求，因而能夠轉為向外心態。在本書的其他章節中，我們將看到更多真實的故事，幫助我們進一步探索向內心態和向外心態的差異，讓大家明白如何在工作與生活中貫徹向外心態。

在第二部中，我們會更深入分析向內心態和向外心態，探討人們如何用向內心態畫地自限，以及向內心態對個人和組織雙方面的影響。我們將會比對個人和組織在向外和向內兩種不同心態下的運作方式。

第三部是詳細描繪出向外心態的實踐藍圖，一步步指引個人和組織養成採用向外心態去思考運作的習慣。

第四部將提出一些需要考慮的重要議題，還有一些實用的建議，幫助個人和組織在人群中推廣向外心態，包括如何擴及整個組織。

Part 2
探索向外心態

5 別擋住自己的路

既然向外心態有這麼多好處，為什麼人們會採取向內心態呢？大家可能很容易歸咎於艱困的環境或是其他人太難搞。不過依據我們的經驗，阻礙人們採取向外心態的其實是自己，我們擋住了自己的路。

你可能覺得在很多情況下這是一件知易行難的事。可能你的上司對工作吹毛求疵。或許你有個愛挑剔的配偶或是讓人頭疼的孩子，把你搞得慘兮兮。說不定你正面臨財務危機，瀕臨破產，或是感覺職業生涯走到了死胡同。遇到諸如此類的困境時，你可能感覺有必要採取向內心態為自己打算。沒關係的，我們懂，我們也曾經是這樣。

但是我們也有幸認識了許多人，他們即使在困境中依然能夠找出一條通往向外心態的路，我們看到他們如何因為採取向外心態而使得情況愈來愈好。其中一人是克里斯・華勒斯（Chris Wallace），有個十七歲的女孩教會他「心態是自己的選擇」，無論處境多麼艱難。謝謝克里斯允許我們分享他的故事，雖然這是他的個人經驗，但我們相信其中的啟示適用於每一個人，也適用於各種情況。

一九六七年一個熱辣辣的八月天，當時十六歲的克里斯正在自家牧場割草。克里斯的父親用克里斯母親的名字「瑪格麗特」（Margarita），來將牧場命名為「聖塔瑪格麗特牧場」（Santa Margarita Ranch），這座宏偉的牧場占地超過一千五百公頃，位於內華達州雷諾市（Reno City）東南方一百六十公里處，牧場中間有一條河流過，沿岸成排的寬葉白楊（cottonwood）和白楊樹彷彿在招手，引誘人逃離內華達州的夏日豔陽以及單調的牧場苦工。那一天，克里斯開著一臺割草機，機器掃過之處留下一條條細長的草堆，等著風乾日曬成為乾草，克里斯則是不停對自己埋怨父親的事。

他的父親奈特・華勒斯（Nate Wallace）成長於北加州的一座小麥農場，同時也是該州第一批農藥噴灑飛機的駕駛員之一。奈特和瑪格麗特在內華達州卡森市（Carson City）相識不久後結婚，一起在雷諾市買下一座私人飛機場來經營。幾年後，他們賣掉機場，賺了一大筆錢，然後用這筆錢買下三座農場，合併為聖塔瑪格麗特牧場，這下子奈特算是落葉歸根了。而對克里斯和家中其他孩子來說，這座農場既是社會地位的象徵，也是無止無盡的煩人工作之源。

克里斯十四歲的時候，出現了一個讓他逃離牧場的機會，富有的迪克（Dick）舅舅從賓州來訪，在晚餐桌上對克里斯的爸爸說：「我想帶克里斯跟我回去，讓他認識東部——看看那些城市、博物館、內戰遺址、他的表兄弟姊妹——還有讓他看看做生意是怎麼回事。」他口中所說的生意，可是納爾遜・洛克菲勒（Nelson Rockefeller）旗下的一家公司，當時迪克舅舅是那家公司的總裁。迪克舅舅說：「我認為這可以幫助克里斯成大器。」

這段話讓克里斯目瞪口呆，從小他就聽說媽媽的家族有多麼成功、多麼有錢，但是從來沒機會回東部親眼看看。克里斯一想到可以脫離聖塔瑪格麗特牧場的生活，脫離一望無際的原野和塵土飛揚的路面，幾乎按耐不住心中的興奮。他滿懷希望地轉頭看著父親。

奈特細嚼慢嚥地吞下口中的慢燉牛肉，用餐巾擦了擦嘴巴，然後搖搖頭說：「謝謝你大方的提議，迪克，但是我們不能這樣做。」克里斯的心情一下子從高高的雲端重重摔落地面，這一片現實中的高地沙漠忽然之間似乎成了囚禁他的牢籠。他不發一語地低頭看著盤子裡的食物，感覺到對父親的怨恨在心中膨脹。

不斷升高的怒氣終於讓克里斯奪門而出，父親跟在他後面跑出家門，但是克里斯連看都不想看到父親，所以悄悄躲了起來，始終一聲不吭。在他心中，父親剛剛判了他無期徒刑，要他這一輩子都過著這種討厭的生活。他在幫浦室的屋頂上躲了好久，直到父親放棄搜尋許久之後都還不肯出來。

這一天，克里斯割完了苜蓿草，又在心裡播放起那天晚上的回憶。事情已經過了兩年，他和父親變得疏遠。該做的活他還是天天做，但僅此而已——不多說話、不多做任何事、不去了解也不感激。每天盡完基本義務以後，他就躲進河岸的樹叢裡，藉著閱讀從父親書房拿的書來逃避人生。

克里斯沒有注意到的是，這個家的財務情況已經岌岌可危。迪克舅舅表示願意幫助他們解決沉重的債務負荷，但是克里斯的父親斷然拒絕，反而是在走投無路之下，同意把牧場轉讓給一位鄰居，用廣大的聖塔瑪格麗特牧場換得了一座小的可憐的六十五公頃牧場和一座九洞高爾夫球場。即將失去牧場的事實，讓克里斯感覺他們一家又土又失敗，這又成了他憎恨父親的另一個理由。

在這個特別的傍晚，克里斯走近家門的時候，聽到父母在爭吵。他以前從沒聽到他們吵架過。克里斯打開門，剛好看到父親舉起手打母親，這幅景象比起爭吵聲更讓克里斯震驚。他為母親感到義憤填膺，就像是火花引爆了兩年來持續在他心中悶燒的怨氣。他衝進父母的臥房，拿了父親的手槍，在暴怒中把父親趕出家門。

短短兩個月後的一天晚上，克里斯的人生從此永遠改變。上床之後，克里斯被兩聲巨響驚醒，第一聲是槍響，第二聲是有人倒地的重擊聲。他醒過來，發現父親自殺了，用的就是克里斯對著父親揮舞的那把槍。

克里斯的哥哥跑進房間，告訴他發生了什麼事，但是克里斯一點也不想去父母的房間看。他從走廊上可以看見父親的腳，這對克里斯來說就夠了。他感覺到父親死了，他就自由了。

奈特的死對華勒斯一家的情況是雪上加霜，克里斯把所有事都怪到父親頭上——經濟窘困、留下母親承擔一切、使家族蒙羞、讓他們感覺被社會排擠。克里斯的心中充滿了憤怒。

只要生活裡有事情出錯，克里斯就責怪父親。感情失敗？都是父親的錯。上課學習遇到困難？也是父親的錯。沒辦法決定未來的出路？還是爸爸的錯，畢竟對一個沒有父親可以商量的人，你能指望些什麼？

甚至連晚上躺在床上，父親都要來破壞他的睡眠。克里斯經常夢到父親在建築物外面，或是在停車場、草地的另一頭，但是等到克里斯趕過去時，父親已經不見了。同樣的情節夜復一夜，克里斯持續被父親拋棄。

克里斯發現到，如果他告訴別人，父親自殺且持續出現在夢中的事，可以得到許多同情。克里斯開始學習改變心態，是在二十一歲的某個傍晚，他對一個十七歲的女孩述說他的故事；這個女孩（我們姑且稱之為安妮）聽了克里斯的故事以後，不像其他人那樣無條件接受，反而咯咯笑了起來。

「妳在笑什麼？」克里斯生氣地問。

安妮沒有立刻回答。

「這沒有什麼好笑的。」克里斯氣得說話結結巴巴。「妳為什麼笑？」

「這個嘛，」安妮反問他：「你爸死了，對吧？」

克里斯只是瞪著她看。

「所以那些事都發生在你的腦袋裡面——和他沒有關係，要負責任的人是你。那是你的夢。」

克里斯從來沒有這樣想過。他咀嚼著這個想法。

安妮繼續說：「如果你追上你爸，你要跟他說什麼？」

「我會告訴他，他做錯了哪些事。」克里斯愈說愈激動。「我要痛罵他一頓，讓他知道他傷害我媽、傷害我們有多深。」

安妮搔了搔頭。「有意思。你連在睡夢中都沒辦法直接面對你爸。一定是因為在某種程度上，你不想要再增加他的痛苦了。」

這種天外飛來一筆的想法，讓克里斯一時之間反應不過來。直到這一刻為止，他從來沒想過父親有父親的重擔，他始終只注意自己的負擔。

「那妳覺得我應該跟他說什麼？」他質問安妮。

「我也不知道。」安妮說。「或許你可以道歉，說你很抱歉自己恨他、討厭他這麼多年。」

克里斯氣炸了：「胡說，如果有人該道歉，那也是他！他毀了我的人生！」

「不對，克里斯。」安妮告訴他：「他毀了他的人生。但是，正在毀了你的人生的人，是你自己。」

克里斯說不出任何話來回應，茫茫然拖著腳步離開了。

之後，克里斯一直思索著安妮對他說的話，有三個星期父親都不曾出現在夢中。然後在一個夢境連連的夜晚，克里斯看到父親走在對街。克里斯一看到他，父親就躲進一家五金行。他飛快過了馬路，進到店裡。這一次和以往所有的夢不一樣，店裡不是空盪盪的沒半個人影，而是父親就站在前面兩步遠的地方。過了這麼多年，克里斯終於和父親面對面了。

他要對父親說什麼？

夢中的克里斯採納了安妮的建議。他向父親道歉，然後兩人互相擁抱。

克里斯醒來後，發現自己的內心充滿一種嶄新的感情：他想念父親。一直以來的尖酸怨毒被思念取代了。

克里斯對父親的思念延續了超過四十五年不曾消退，他回顧自己蛻變的過程，得出一個讓人震撼的結論：「我們一心認定自己對其他人的感受和想法，是因為對方，因為他做了什麼或沒做什麼，因為他對我很壞、說了不好聽的話之類的。但是一個十七歲的女孩讓我知道這是錯誤的觀念。我用什麼態度去看別人，那是我自己的責任。」

若問他是不是就此原諒父親所造成的痛苦，克里斯面對這個問題時毫不退縮：「沒有，我只是停止輕易放過自己。這並不表示我原諒我爸做的事。我可以看到他的弱點。他犯了一些錯誤，其中有一個錯誤特別嚴重、特別可怕——我敢說他犯下這個錯誤以後，一定馬上後悔到想要挽回，只可惜這個錯誤已經結束了他的生命。不過，我不會再執著於他犯的錯，以前我總是一直盯著他的缺點，用這種方式來否認自己的失敗。」

當被問到他自己犯了什麼錯時，克里斯開始眼泛淚光：「那個時候我沒有真正看清楚我爸。真的沒有。我把他的付出看成理所當然。我真正在乎的只有我想要做的事。我從來沒有試著去體會他肩膀上的重擔——龐大的債務、要養活一大家子人。我想，一個十幾歲的少年能夠理解的事畢竟有限，可是重點是，我甚至連要去理解的心都沒有。一點點都沒有。」

他繼續往下說：「要是我有試著去理解，我可能就會想到，我爸跟迪克舅舅說我不能跟他一起回東部的時候，不是為了要毀掉我的人生，而是因為我爸和這個家需要我。事實上，我爸不想讓我走，可能有部分是因為他不想要錯過我成長階段的最後幾年。誰有辦法在最小的兒子才十四歲的時候，隨隨便便說送走就讓他走？我知道我做不到。我爸也做不到。」

想到這裡，克里斯不禁搖頭。「我氣我爸不關心我，但更有可能是因為他太關心了，所以才會這樣做。只不過我看不見。我從來沒給父親解釋的機會。我認定他說的話就是這個意思，不但不肯接受別的可能性，反而拒他於千里之外，縮進自己的殼裡。」

「所以你問我犯了什麼錯？」克里斯直視提問者的雙眼，重複了這個問題。「我犯的錯是只關注自己，結果看不見甚至誤解許多周遭發生的事。我每一天都在想，要是當時我有試著張開眼睛去看，家裡的情況是不是就會變得不一樣。」

我們在第四章介紹過，這種對他人的需求與目標的關心，正是向內和向外兩種心態的差異所在。抱持向外心態的人會去注意別人，關心別人的需求與目標，把其他人當成人看待，願意去幫助別人。而向內心態的人則是背對其他人不看不聽，不關心別人的需求或目標。

不要管別人，這似乎可以使自己的生活更單純，但事實正好相反。不關心、不在乎、不去注意其他人的結果，是付出極大的個人與社會代價：我必須設法證明，自己不關心別人是對的。

於是我開始挑別人的毛病以證明自己是對的，這些缺點有些是真的，有些是自己想像出來的。不管遇到什麼事，我的反應就是怪別人、為自己開脫；這對個人和社會來說都不是好事。我緊抓著別人的錯誤不放，因為這些錯誤給了我不應該幫助他們的藉口；我也緊抓住自己的錯誤不放，就像克里斯那樣，因為這些錯誤證明我都是被其他人害的。[1]

讓我們來釐清一下這種心態發展的過程。假設我有個同事叫羅莉，有一天我得到一條對我的工作非常有幫助的資訊，而根據我對羅莉的工作需求和目標的了解，我知道這條資訊對羅莉也非常有幫助。如果我抱持向外心態，就會想到公司的成功不是只靠我一個人，而是大家的成功累積在一起，所以我會覺得必須幫助同事成功。而由於這條資訊對羅莉有幫助，所以我會想要與羅莉分享。

但這並不是我的義務，我還是可以選擇要怎麼做。如果我選擇不分享資訊的話呢？你認為我的心態會有什麼變化？

說不定羅莉曾經做過什麼妨礙到我的事？當我開始考慮不和她分享資訊的可能性時，我是不是會想到有一次她也沒幫我？說不定羅莉有什麼惱人的習慣，我是不是會開始想到她有多麼討人厭？

或許我和羅莉不算熟，因此我有很多空間去想像她實際上是個什麼樣的人。我會把羅莉想像成什麼樣子，才會比較容易說服自己，不要分享資訊是正確的？把她想成勤奮工作還是懶惰？值得信賴還是不可靠？樂於助人還是很難合作？

向內心態會使我從扭曲的角度去看羅莉，用這種方式讓自己感覺不幫助她的決定是對的。我會死盯著任何能夠成為藉口的事物。我可能會對自己說：「她也沒幫我啊。而且她真的很討人厭。還有，她不是一個可靠的人，看她那種飄來飄去的眼神就知道了。而且要是她工作夠努力，自己就會發現這條資訊了。我不應該獎勵偷懶的人。不行，這樣對公司不好。如果我和她分享，才是大錯特錯。」經過這段內心獨白，現在我對羅莉的感受，將使我對自己的選擇感到心安理得。

這個過程類似於克里斯看待父親的方式。抱持向內心態的克里斯，認為自己生命中任何事情出了錯，都要怪父親；他覺得自己已經在這種情況下盡了最大的努力。

當克里斯把目光焦點從自己的難處轉移到父親的難處，他的心態也跟著改變。以他的情況來說，這是很不容易做到的偉大改變，但最後他終於能夠花一些心思在父親身上，不是責怪父親而是去理解父親。因為他願意這樣做，才能解放自己，從自己躲藏的那個黑暗狹窄的空間走出來。

各位可以想一想自己的情況。多年來，克里斯抗拒去看到父親的需求、重擔和困難。在你的生活中，不管是在工作或家庭中，你是不是會拒絕看某些人的需求、目標和負擔？對於那些你不會抗拒的，願意對他敞開心胸，會關心、渴望了解的人，又是怎麼樣？

在比較這兩類人的時候，你有沒有發現到自己對他們的感覺和行動有什麼差異？你有沒有把錯推到別人頭上，或是找一些自圓其說的理由為自己辯護？和哪一類人相處的時候，你會有這種怪罪別人、為自己開脫的行徑？是你會關心、注意的那些人，還是那些你不在乎他們有什麼需求、目標和負擔的人？

克里斯的經驗讓我們明白，如果我們拒絕去看到其他人也是人，有各自的心願和煩惱，這將會成為我們人生中最大的地雷區。好消息是，我們也可以像克里斯一樣拋棄扭曲的成見，改變我們與他人之間緊繃的關係。我們可以停止抗拒看清事實。

6 向內心態的誘惑

我們在前一章談到，當人們選擇忽視別人的需求和目標時，總是會想辦法找理由為自己的選擇辯護。這種作為不僅浪費時間和精力，還會導致各自為政、互不往來的風氣，實在是削弱組織的一大問題。想想看，如果公司內部每個人都把找理由所耗費的時間和精力，改用在正確的地方上，可以對組織整體做出多大的貢獻！

後面的圖9描繪出向內心態如何導致這些職場問題。

通常我們會對某些人展現出向內心態，對另一些人展現出向外心態；圖9則經過簡化，呈現出在工作的四個基本面向都抱持向內心態的組織或個人。這張圖也適用於其他情境，例如，只要換一下人際關係的類別，或是填入對你來說很重要的人的姓名，就可以用來呈現你生活中的人際關係。

圖 9　職場中的向內心態

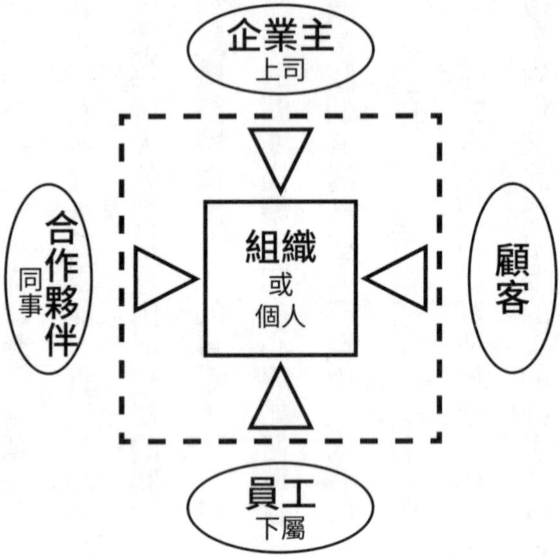

抱持向內心態的人，會把焦點放在「我可以從其他人那兒獲得哪些東西來達成我的目標」——我需要從顧客、下屬、上司、同事，或是我的孩子、伴侶、鄰居那兒得到什麼。這種人腦袋裡考慮的，多半是其他人對自己有什麼影響，很少想到自己對其他人有什麼影響。

為了呈現這種特質，圖9刻意省略了「其他人的需求、目標和挑戰」這項元素，並且用往內指的三角形來表現這種心態。受向內心態所苦的人，對其他人的需求、目標和挑戰視而不見，所以他們在解讀情境和執行工作時，會用各種方法讓自己的自我中心顯得正當。

不僅是個人會陷入向內心態，整個組織也可能因為抗拒不了向內心態的誘惑而蒙受極大的損害。

為了讓大家更清楚個人和組織可能如何在不經意間落入向內心態的陷阱，我們要分享亞賓澤協會過去的兩個實例。第一個例子顯示出個人是如何輕易地倒向以自我為中心的向內之路，第二個例子則讓我們看到整個組織如何從向內角度出發去思考。

很多年前，亞賓澤協會還在草創階段，沒有什麼知名度，我們為了一個大型的企業文化變革案，投入了數百個小時的工作時間。在終於送出企畫書給潛在客戶的那個下午，我們面面相覷，不曉得接下來該做什麼好。有個人提議：「我想不出還有什麼事了。我們去游泳吧。」於是我們去游泳，並且心存期待。

過了兩個星期，我們收到消息說我們打入了這個案子的決選，另外兩個競爭者是當時世界上最有名的兩家訓練顧問公司。客戶通知我們：每個競爭者有兩小時的時間可以向遴選委員會做簡報。我們又從小道消息聽說，這家公司的人力資源副總已經說過，他覺得那兩家知名公司的其中一家都可以，但如果讓一家沒人聽過的公司做這個案子，最後卻搞砸了，他可不想承擔這個責任；這個險冒不得。所以我們心裡對眼前的不利局面，大致有譜。

當我們在那個綠色房間等著上場報告時，胃都糾結在一起了。我們的感覺就像世界級高爾夫名人李・特維諾（Lee Trevino）所形容的：「在發獎金的日子，推桿變得特別困難。」換句話說，我們在為自己擔心。因為我們從錯誤的角度出發去看這段客戶關係，所以會為自己擔心。因為我們需要這家公司的錢，害怕搞不定這場報告就拿不到錢，所以很緊張。我們掛念的是自己的目標，而不是客戶的目標。我們正準備要報告如何用向外心態推動全公司的文化變革，但在此刻卻完全展現向內心態。

幸好團隊裡有人發現這個謬誤，點醒了我們：「嘿，我們是最不應該這樣想的人啊。我們不知道能不能拿到這份合約，但不管怎麼說，這都不是我們能控制的。不過，我們確實知道的是，我們有兩小時的時間和這十五個人相處。這可能是我們和這些人、這家公司唯一一次的相處機會。在這兩小時內，我們是不是應該全心全意只想著要怎麼盡力幫助他們？」

這段話拯救了我們，而且結果是我們贏得了合約。事後回顧起來，能不能贏得這份合約，攸關亞賓澤協會的生死存亡，諷刺的是，唯有當我們不再去想公司的獲利，公司才能因而受益。要是我們繼續抱持向內心態，不管是對客戶或是我們自己，都沒有益處。

這些年來，我們一直努力在公司裡牢牢記住當年在那個綠色房間的經驗，這個經驗促使我們不斷自問：我們最關切的是誰的需求和目標？是客戶還是我們自身？儘管如此，多年後我們還是發現，自己在不知不覺中採用了向內心態，而且還是在一項很重要的業務當中。

我們的工作中，有個環節是培養客戶組織內部的人才，協助舉行工作坊，以及在工作中推動向外心態。長期以來，我們都很享受這個培訓內部合作夥伴的過程，並且認為我們把這個工作做得很好。

但是後來我們注意到某件事而開始產生疑問。我們發現，雖然我們培訓了很多組織內部的專家，卻只是輔導他們熟練我們所做的工作。當然了，讓他們熟悉這些工作是很重要的，這個部分必須保留，但我們注意到自己忽略了更重要的一件事：我們並沒有充分了解雇用這些人的組織有什麼需求、目標和挑戰。由於我們沒有盡到足夠的努力，去了解這些客戶組織希望培育出的內部專家能有什麼助益，所以根本不可能知道我們所做的事是不是真的有幫助。雖然這些內部專家給予我們極高的客戶滿意度分數，但這不足以讓我們知道自己的工作是否真正對症下藥。

就像多年前在綠色房間等候的那一天，我們看不到自己的組織變成向內心態，只關心自己的工作成果，而不是把顧客能從我們的工作中得到的價值放在第一位。在醒悟過來以後，我們重新審視了手上正在進行的工作，接著徹底改造了許多部分：工作架構、在哪些地方投入時間和資源、與客戶交流溝通的程序，以及我們所提供的服務，還有用來衡量成就的指標及公司目標。我們成了自己的客戶，運用我們分享給其他人的概念，來檢視自身的向內心態，找出這些非常容易悄悄滲入個人和組織，進而破壞努力成果的心態。

我們之所以忽略了自身的向內心態，一個原因是我們組織內盛行一種很容易被誤認為是向外，但其實是向內的心態。圖10呈現出這種「自以為向外」的向內心態。

圖 10　「自以為向外」的向內心態

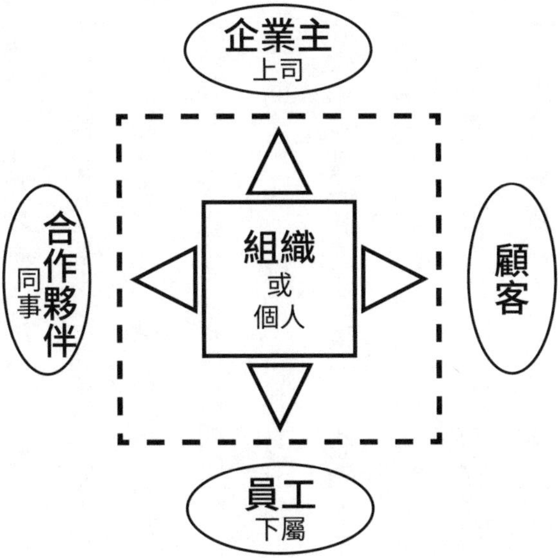

請注意，圖10中的三角形朝外指，和圖7所呈現的向外心態一樣，但是不一樣的地方在於圖10刪去了「其他人的需求、目標和挑戰」。抱持這種向內心態的人或組織，可能會覺得「我做這些事情是為了其他人，不是為了自己」，可是他們並沒有考慮到所服務對象的需求、

目標和挑戰。這種情況牽引出的問題是：如果他們不關心也不注意服務對象的需求、目標和挑戰，那麼是在為誰做這些事呢？

這個問題是我們亞賓澤協會全體人員必須自問的問題。在某種程度上，我們彷彿回到了那個綠色房間，面對著同樣的問題：我們最應該關切注意的是誰的需求和目標？是我們自己，還是顧客的需求和目標？

在協助客戶的過程中，我們發現到，圖10的向內心態呈現出很多向內的個人和組織對自己的認知。他們不認為自己以自我為中心，如同圖9那種三角形指向內的標準向內心態，而是認為自己做的事情都是為了其他人好，真心覺得自己是「面向外的」。我們有位同事喬・巴特立（Joe Bartley）就是這樣覺得，直到有一天他的女兒讓他認清了事實。

那天晚上，喬正在哄女兒上床睡覺，他先幫四歲的莎拉蓋好被子，接著轉向六歲的安娜。安娜像個胎兒似的蜷縮成一團，面對著牆壁，背對著喬。喬傾身向前幫她蓋好被子，正準備轉身離開去幫兒子雅各看作業，卻聽到安娜低聲說了一些話。他沒聽清楚安娜說了什麼，但是安娜肯定是在對他說話。喬問她：「妳說什麼，安娜？」一邊彎下身來靠近她仔細聽。

「你不像愛雅各那樣愛我。」安娜的聲音幾不可聞。

這句話讓喬愣了一下，他立刻感受到安娜是真的在傷心，於是他向安娜保證：「我當然一樣愛你們。」

「不對，你沒有。」安娜小小聲地回嘴。

喬頓了一下，最後開口問：「妳為什麼會這樣說？」

安娜還是動也不動。「你都不像和雅各玩那樣跟我玩。」

「我當然有。」喬為自己辯護。「每天晚上我下班回家以後，我們全都一起到後院打籃球啊。」

「我又不喜歡打籃球。」安娜輕聲說。

一直到今天，喬依然時常反省這段經歷：「我是什麼樣的父親啊？我甚至不知道女兒不喜歡打籃球！事實上是我喜歡打籃球，我把跟孩子打球這件事，當成自己是好爸爸的表現。但是安娜讓我看到，我沒有真正去了解我的孩子。沒有真的了解。我只是在做我想和他們一起做的事，我沒有注意到他們想要做什麼。我是一個自以為向外思考，但其實只想到自己的爸爸，甚至可以說我只顧自己享樂。」

這是一個很容易落入的陷阱，尤其是從事服務別人的工作者更應該注意，像是醫護人員、餐飲旅館業者，還有教師、顧問、在家中照顧老幼病殘的人等。

向內心態有什麼害處？當人們聚焦於自身，並且無視於自己造成的影響時，會浪費許多精力在錯誤的事情上；欠缺合作會阻礙創新，而且向內心態及向內工作模式所導致的乏味環境，會使員工離心離德。

下一章我們將討論如何在工作中運用向外心態，從而避免向內心態必然會造成的各種問題。

7 向外心態的作用

想一想，在你的生命中感覺最有活力、最全心投入的那些時刻，你的注意力放在什麼地方？是專注於自己，還是一心一意想著包含其他人在內的更偉大目標？

關於這個問題，美國海軍海豹部隊（SEAL）的洛伯・紐森（Rob Newson）上校對哪些人能成功通過海豹部隊資格訓練的評論，可以提供我們一些啟發。在訓練的過程中，候選人隨時可以去敲響掛在旁邊的鐘，表示要放棄訓練並退出。

長期以來位居特殊作戰領域領導地位的紐森上校說：「我可以肯定的說，那些放棄的人，在向鐘踏出第一步的那一刻，就停止思考任務，也不再想到隊友，變成只想著自己。只要他們專注於任務，專注於身邊的隊友，就能度過一切難關。一旦開始往內看，就會開始把心思放在自己有多麼濕、多麼冷、多麼累，這時，問題就不再是他們會不會敲鐘放棄，而是什麼時候會放棄。」

對於那些想要成功通過全世界最艱難訓練之一的海豹部隊候選人，紐森上校的建議是：專注於任務，專注於身邊的人。他開出的應對之策就是向外心態。

如同圖11所示，我們的企業客戶也發現，在工作的四個基本面向推行向外心態，對他們很有幫助。

如果一個人在工作中採用圖11的思考模式，表示他對於自己負有責任的每一個對象——顧客、上司、同事、下屬——都會去關切，並注意到對方的需求、目標和挑戰。向外的三角形，顯示出他在設定目標和行動時，會考慮到這些人的需求、目標和挑戰。如同紐森上校的建議，他的目光是

圖 11　職場中的向外心態

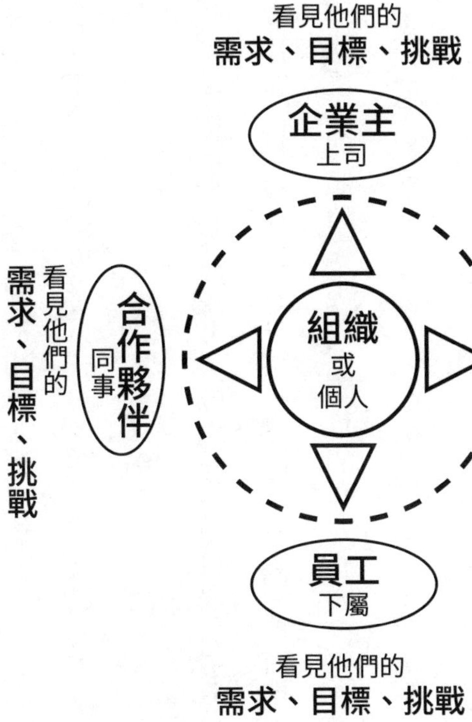

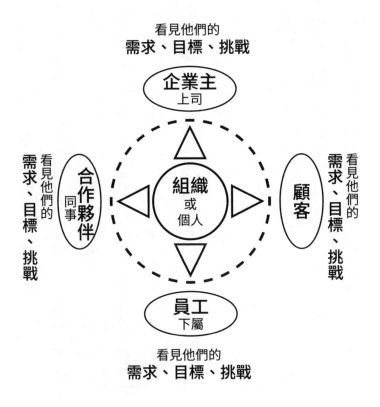

向外看，把焦點放在遠遠超越自己的事物，專注於自己能夠對組織整體目標做出什麼重要貢獻。而這種思考方式讓他在工作時盡力去協助其他人完成他們的工作。

向外心態的工作模式能夠產生多大的力量，可以從CFS2這家創新的催帳公司工作成果得到見證。CFS2總部位於奧克拉荷馬州的土爾沙（Tulsa），公司的使命與策略完全符合圖11的向外心態，其創辦人暨執行長比爾．巴特曼（Bill Bartmann）曾經身陷經濟困境，被討債的人追著跑，於是想要創建一家與眾不同的催債公司，也就是一家向外心態的公司。

比爾及其創辦的公司非常重視「尊重債務人」，公司運作的前提是「正因為這些人沒有足夠的錢還債，所以才會欠錢」。典型的討債公司走的是向內心態路線，採用的方法是威脅恫嚇，能從債務人身上榨出多少錢算多少。另一方面，向外心態則是從債務人的角度出發，去思考他們面臨的困難。採用向外心態的人會關心並注意到債務人所面對的挑戰，以幫助債務人度過難關為使命。

比爾・巴特曼和員工就是抱著這種心態開始收債，他們用的方法不是盡量榨乾債務人的每一分錢，而是想辦法幫助債務人賺錢。比爾要求所有員工集思廣益，實驗看看怎樣最能幫助債務人找到工作。起初他們試著提供相關建議，但是成效不彰。於是全公司聚在一起腦力激盪，一個員工提出了他的觀察：「他們沒辦法靠自己站起來，因為他們已經被徹底打垮，一點幹勁都不剩。」[1]

所以CFS2的員工開始幫債務人寫履歷，幫他們找尋工作機會，還幫忙填申請書、安排面試時間，一路到舉行模擬面試，以協助他們做好準備，甚至在面試當天早上打電話叫債務人起床，以確保他們準時赴約！

後來，ＣＦＳ２也開始在其他方面提供協助，債務人在生活中遇到的任何麻煩，都成為他們伸出援手的機會。比爾在《哈佛商業評論》（*Harvard Business Review*）的一篇訪問中談到，他們現在接到各式各樣的協助請求，從領取食物券到照顧小孩、住家修繕，什麼樣的問題都有。[2] ＣＦＳ２找到許多以救濟窮人為宗旨的組織，然後透過這些組織提供服務，以協助滿足債務人的需求，而且他們做這些事完全不收費。事實上，比爾獎勵員工的標準不是看收了多少債，而是可以為債務人提供多少免費服務！

從向內心態的觀點看來，這些做法簡直是瘋了。但是數據會說話：ＣＦＳ２成立短短三年後，收帳率是業界任何一家公司的兩倍。[3] 債務人感覺自己獲得了ＣＦＳ２人員的協助，有些人甚至在協助之下脫離了經濟困境；由於債務人賺到了錢，所以有辦法還錢給CFS2。這家公司成為了他們想要還債的夥伴，甚至可以說是朋友。

從CFS2的故事，我們看到向外心態如何驅動整個公司為了顧客的利益而奮鬥，不僅是提供產品或服務，而且更進一步積極創新去滿足顧客的需求，協助達成顧客的目標。抱持向內心態的人和組織是在做事，而向外心態的人和組織則是幫助其他人有能力去做事。

CFS2是一個用向外心態服務外部顧客的成功例子，同樣的方法也可以應用在組織內部，經營對上司、下屬和同事之間的關係。

我們可以看一下美國職籃（NBA）常勝軍聖安東尼奧馬刺隊（Spurs）的例子。儘管許多人預測馬刺隊要開始走下坡，但經過許久之後，馬刺隊依然在球場上所向披靡，克服了主要球員年紀漸長、球隊成員年年更替等不利因素，任憑對手起起落落，馬刺隊依然屹立不搖。在馬刺隊打球，就像身處在一個不斷變化以適應環境的向外心態有機體內。我們之所以會用「有機體」來形容，是因為馬刺的球員彼此關注及配合的程度，讓他們的行動如臂使指，彷彿合為一體。看他們打球就會發現，球不會黏在任何一個球員的手上，而是球在哪個地方最有利，就會往那個地方移動，沒有一個球員會為了求表現而不顧大局。

馬刺隊總教練格雷格・波波維奇（Gregg Popovich）被問到「馬刺隊重視球員的哪些特質」時表示，他們要找的是「不自負」的球員。[4] 福斯財經新聞網（FOXBusiness）的一篇文章從這句話出發，詳細分析了馬刺隊的向外心態如何使他們在競爭中占極大優勢。[5] 這篇文章的作者歸納出馬刺隊的四大成功因素：一、從招募球員到實際上場，都強調無私和團隊合作，波波維奇教練稱之為「卓越的人際關係」；二、關懷球員和全體工作人員的人性層面；三、球員和工作人員有機會發表意見；四、透過卓越的人際關係達成卓越的成就。

波波維奇教練說：「我們訓練有素，但是這還不夠。最重要的是人與人之間的關係。你必須讓球員感受到你在乎他們，而且他們必須彼此在乎、互相關心。」[6]

這種對彼此的關心，加深了馬刺隊球員的責任感，讓他們感覺有義務精益求精，持續全力以赴。為什麼？因為隊友需要他們這樣做。隊友需要他們拿出最佳表現，而且向外心態讓這些球員感覺必須互相幫助以變得更好，這是他們對彼此的義務。

這篇文章的作者寫道：「波波維奇了解，如果沒有卓越的人際關係，卓越的成就和優異的表現猶如建立在一推就倒的沙堡上。因為他刻意在隊員之間培養卓越的人際關係，馬刺隊才能達到卓越的成就以及持續的優異表現。」[7]

馬刺隊的教練和球員讓我們看到，當人們投身於超越自我的更偉大事物，例如需要每個人全力以赴的組織目標或共同理念，就能夠達成比獨自一個人願意或能夠做到的更偉大成就。馬刺隊的所有成員，從總經理、教練到球員彼此互助而走向成功。很多其他隊伍（事實上是大部分隊伍）充斥著只關心自己成就的隊員，這樣的隊伍不可能像馬刺隊那樣持續稱霸球場，除非每個成員都能變得關心夥伴的成就如同關心自己。

現在，我們已經了解向內心態對人際關係和在組織內產生的影響，也看到了向外心態的個體和組織有多麼截然不同的表現，下一步我們將詳細說明一套從向內心態轉為向外心態的，經證實有效的系統性方法。

Part 3
邁向向外心態

8 認識向外心態工作模式

在前一章，我們介紹了向外心態的人在職場上（及其他地方），會如何看待自己的角色與應盡的責任。向外心態的工作模式，其一大特徵是關注相關者的需求、目標和挑戰，這些相關者包括上司、下屬、同事和顧客，都是我們對其負有責任的人，而抱持向外心態的人會為自己對這些人產生的影響負責，他們認為自己的所作所為應該為組織的整體成果做出貢獻。

我們觀察了在工作中持續展現出向外心態的人，發現他們有一套固定的三步驟工作模式：

1. 看見其他人的需求、目標和挑戰。
2. 調整自己的做法，為其他人提供更多助力。
3. 評量自己所做的事對其他人產生的影響，並且負起責任。

這三個步驟是在工作中持續實踐向外心態的有效方法，有一個好記的口訣是SAM：看見（See）、調整（Adjust）、評量（Measure）。圖12是向外思維工作模式的示意圖。

這一組向外心態工作模式的力量，可以在福特汽車公司起死回生的例子中看到；而福特的改變是從新執行長艾倫・穆拉利（Alan Mulally）就任開始。

穆拉利在波音公司工作了三十七年，並在九一一事件後成功拯救了低迷的商用噴射客機事業。穆拉利成長於堪薩斯州，在他讓人卸下心防的靦腆姿態之下，隱藏著鋼鐵般的毅力，加上凝聚團隊的天生才能，使他在二〇〇六年九月受聘成為福特汽車公司總裁兼執行長。當時福特的處境危急，年虧損達一百七十億美元，可說是把剩下的籌碼全押在艾倫・穆拉利

圖 12　向外心態工作模式

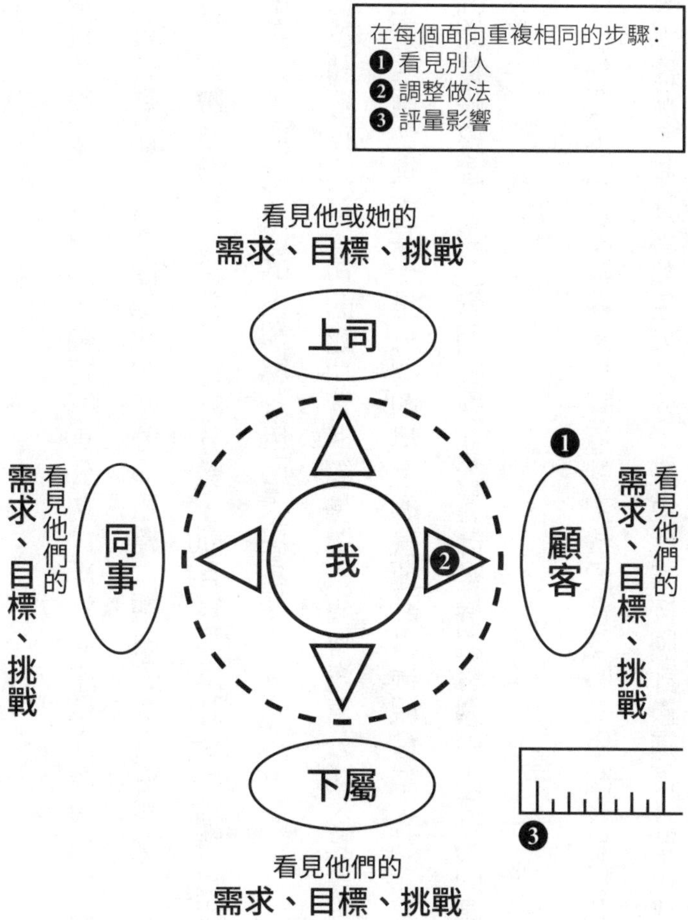

的身上。[1]

穆拉利很快就發現到，福特汽車公司內部沒有半個人認為自己對公司的困境負有責任。這就像是我們在公司組織內觀察到的普遍情況：人們給自己打的分數通常高於給公司打的分數，而且是高出許多。福特每年損失上百億美元，而公司內的人卻認為自己表現良好。

穆拉利把在波音公司的成功管理經驗導入福特汽車公司，具體方法是每週主持兩個會議，其一是每週四早上的營運計畫檢視會議，其二緊接著進行細節檢視會議，讓主管們針對在營運計畫檢視會議中出現的問題研擬對策。

穆拉利要求主管團隊在參加營運計畫檢視會議時，用圖表呈現各自部門的表現情況，並且用顏色來區分：綠色代表按照計畫進行，黃色代表有可能跟不上計畫，紅色代表進度落後；有變更的地方則用藍色標示。每一個主管都必須親自報告，為自己負責的業務承擔全責，不能由任何人代勞。穆拉利在說明會議中告訴團隊成員：「我只懂得用這種方式推動公司的營運。每個人都必須參與其中。我們要有計畫，還要知道目前的計畫進度如何。」[2] 穆拉利要大家看著他張貼在會議室牆上的十條營運計畫檢視原則：[3]

- 以人為本。
- 人人有責。
- 有遠見。
- 明確的績效目標。

- 單一方案。
- 事實與數據。
- 實事求是，提出把事情做好的計畫。
- 尊重、聆聽、互相協助與鼓勵。
- 抗壓成長……信任這套流程。
- 開心去做……享受這趟旅程以及彼此相處的樂趣。

大部分主管對穆拉利規定的每週報告不是很熱衷，有個主管甚至在第一週的會議還沒開完就中途離席，他對這些聽起來只是增加負擔，卻沒有實際幫助的每週會議報告準備工作，感到憤憤不平。[4]不過，所有團隊成員在下一週還是乖乖準備好圖表來開會。奇怪的是，公司正在大失血賠錢，這些主管提出的圖表卻是一片綠，無一例外。

為什麼公司情況慘烈，圖表上卻只有綠色呢？這是因為在福特汽車公司裡，你只要出錯就完蛋了。所以沒有人有錯。這些主管可能會在私底下承認：公司績效不佳，沒錯，但是我沒有績效不佳。或許是傑森或貝絲或艾許表現不好，總之和我沒關係。至少我表現得比他們更好。要不是因為有我在，情況還會更糟糕呢。

這片綠色圖海讓穆拉利很頭大，但他並不訝異。他初來乍到，管理團隊還摸不準他的行事風格，他很了解這一點。但是他也知道，為了公司的生存，這種現象不能長久持續下去。他繼續努力在每天的工作中，讓團隊成員知道他們可以安心說實話。然而，在接下來兩週的會議裡依然只看到綠色。第三週的會議開到一半時，穆拉利受夠了，他打斷報告問大家：

「我們今年眼看要虧損數十億美元，有沒有任何進展不順利的地方？」[5]團隊成員緊張地瞪著會議室的大桌子。沒有人說話。

到了下個星期，新的福特Edge車款即將從加拿大安大略省的奧克維爾（Oakville）組裝廠出貨，卻有測試駕駛員報告在其中一輛測試車上發現問題：後車廂門的致動器出狀況。這下子，馬克・菲爾茲（Mark Fields）得做出一個重大決定。

菲爾茲是美洲地區總裁，當初要是從公司內部拔擢的話，應該是菲爾茲而不是穆拉利當上新任執行長，所以菲爾茲認為自己在福特汽車公司剩下的日子屈指可數。在這種背景之下，菲爾茲盤算著可能的選擇。他心想：「後車廂門的問題很可能只是特例。我們可以照常出貨，一切都會沒問題的。」但如果車子真的有問題，麻煩就大了。穆拉利正在要求福特生產的每一輛車都是最高品質，閃亮全新的福特 Edge 車款後車廂門有瑕疵，豈不是當場打臉？菲爾茲對這個新老闆還不熟悉，冒不起這個險。那就延後上市吧，他在心裡這樣決定了。

接下來要做的決定更是困難：要不要在星期四的營運計畫檢視會議上報告這件事？他再次衡量各種選擇：「說不定我們可以不讓任何人知道就解決這個問題並出貨。但是反過來說，要是做不到，該怎麼辦？」這樣一想，他覺得應該對穆拉利和其他同事實話實說。但是在那個時候，福特汽車公司的風氣並不鼓勵開誠布公；坦白透露自己部門遭遇的困難，下場通常是丟掉飯碗。這些剽悍的職場老將看到別人的錯誤時，就像是鯊魚見到餌，絕對會緊緊咬住不放。菲爾茲覺得自己死定了。如果出貨結果是車子有瑕疵，他鐵定得走人；如果在會議上告訴大家，Edge 車款有問題，等著他的保證也是同樣的命運，只不過是爭個最後的片刻光榮。

他想了又想，最後決定反正怎樣都是死路一條，乾脆想說什麼就說什麼。他在圖表上塗了紅色。

第四週，當菲爾茲踏進會議室時，他是團隊成員中唯一一個圖表上有綠色以外顏色的人。輪到他報告時，他盡量表現淡然，等到Edge車款的圖表出現時，他說明：「至於Edge車款，大家可以看到，我們的狀況是紅色。」

眾人一陣沉默。

坐在桌旁的每個人，都和馬克．菲爾茲一樣心知肚明：他死定了。

除了一個人，他開始鼓掌。「馬克，」穆拉利笑著拍手說：「很清楚，很棒。」接著，穆拉利轉向其他人問：「誰有辦法幫忙馬克？」這個問題是培養他們向外心態的起點。

有幾位同事跳出來回應，其中一個說他曾經見過另一款車子有同樣的問題，他會立刻找出資料給菲爾茲；另一個說願意盡快派手下一組頂尖工程師去奧克維爾幫忙，看是不是需要重新設計。其他人也紛紛提議幫忙。

有意思的是，在下一週的營運計畫檢視會議中，依然只有菲爾茲的圖表上有其他顏色出現。沒有任何一個人願意跟進坦承問題，這是因為大家都認定菲爾茲在上星期的會議後一定被開除了。當菲爾茲出現在會議室裡，Edge 車款的圖表依然是紅色（但是朝向黃色移動），而且穆拉利依然對著菲爾茲微笑，其他人才開始相信穆拉利是玩真的。穆拉利再三強調：「紅色不是指你，而是你正在處理的問題。」穆拉利希望他們互相幫助，而唯有當他們願意坦承自己面對的問題之後，才有辦法互相幫助。下一週開會時，圖表上的紅色多到讓會議室看起來像是犯案現場。[6]

福特汽車公司的主管團隊持續以這種方式合作，定期報告自己的業務進度，同時了解同事面臨的挑戰。當圖表上出現紅色和黃色時，「這件事誰能幫忙？」成為大家的自然反應。不管是個人或整個團隊都專注於做好自己的職責，同時兼顧幫助同事做好他們的職責。他們不僅追蹤注意各自做的事，而且持續關切對彼此、對各方關係人產生的影響。

剩下的故事大家應該都知道了，福特在全公司推廣這種自我問責的有效合作方式，終於成功爬出谷底，轉危為安，而且強壯到挺過二〇〇七至二〇〇八年的金融危機，是唯一一家不需要向聯邦政府請求金援的美國汽車公司。艾倫・穆拉利於二〇一四年春天辭去福特的職務，加入谷歌（Google）董事會。他在福特的職位由馬克・菲爾茲繼任。

讓我們思考一下福特汽車公司逆轉勝的故事，和本章前面介紹的向外心態工作模式有何關聯。

第一步是「看見其他人（以及整個組織）的需求、目標和挑戰」。營運計畫檢視會議讓穆拉利的團隊成員清楚看到自己對全體的貢獻，同時也看到同事的需求、目標和挑戰。個別成員花了一些時間才敞開心胸，以向外心態來參與會議；要不是穆拉利以身作則，秉持向外心態主持會議，就不可能產生我們現在看到的效果。正因為穆拉利用向外心態帶領團隊合作，並且在營運計畫檢視會議中循循善誘，才使得福特的團隊有機會看清楚自己的職責與其他人的關係。

向外心態的第二步是「調整自己的做法，為其他人提供更多助力」。這個步驟很自然跟隨在第一步之後。等到團隊成員能夠看見與會者面臨的挑戰，穆拉利立刻邀請他們站出來提供幫助。「誰有辦法幫忙馬克？」不只是一個問句，更是穆拉利對團隊的宣言，希望他們不只是為自己在整體計畫中扮演的角色負責，還要顧及同事能不能順利履行職責。

最後，他們透過每週的聚會，來檢視自己提供的幫助是不是對同事有正面助益，這是向外心態的第三步：「評量影響」。穆拉利制定的會議程序，讓福特團隊至少能夠每週一次評估成員做出的調整是不是真的有幫助，他們每週都有機會評估自己對其他成員的影響，以及對公司整體表現的影響，然後做出必要的調整。

福特汽車公司之所以能夠逆轉劣勢，靠的是領導團隊採取了向外心態工作模式：看見其他人、調整做法、評量影響。下一章我們將更深入檢視這三個步驟。

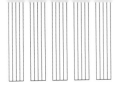

廣告回函
台灣北區郵政管理局登記證
台北廣字第2296號
免貼郵票

105
台北市復興北路333號11樓之4

如果出版社 收

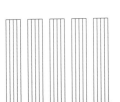

如果

如果出版 讀者服務卡

謝謝您購買本書。

為了給您更好的服務，敬請費心詳填本卡。填好後直接投郵（免貼郵票），您就成為如果的貴賓讀者，優先享受我們提供的優惠禮遇。

您此次購買的書名＿＿＿＿＿＿＿＿＿＿＿＿＿＿

姓名：＿＿＿＿＿＿＿＿＿＿＿＿ □先生 □小姐 民國＿＿＿年生 □單身 □已婚

郵件地址：□□□ ＿＿＿＿＿縣市＿＿＿＿＿＿市區

＿＿＿＿＿＿＿＿＿＿＿＿＿＿＿＿＿＿＿＿＿＿

■您的E-mail address：＿＿＿＿＿＿＿＿＿＿＿＿

■您的教育程度？□碩士及以上 □大專 □高中職 □國中及以下

■您從何處知道本書？

□逛書店 □報章雜誌 □媒體廣告 □電視廣播
□網路資訊 □親友介紹 □演講活動 □其他＿＿＿

■您希望知道哪些書最新的出版消息?

□百科全書、工具書 □文學、藝術 □歷史、傳記 □宗教哲學
□自然科學 □社會科學 □生活品味 □旅遊休閒
□民俗采風 □其他＿＿＿＿＿＿＿＿

■您是否買過如果其他的圖書出版品? □有 □沒有

■您對本書的評價（請填代號，1.非常好 2.滿意 3.尚可 4.有待改進）

內容＿＿＿＿文筆＿＿＿＿封面設計＿＿＿＿版面編排＿＿＿＿

其他建議：

■您希望本書系未來出版哪一主題的書?

讀者服務信箱 E-mail andbooks@andbooks.com.tw

9 實踐向外心態工作模式

在第八章介紹了向外心態工作模式的三個步驟：看見其他人、調整做法、評量影響。本章我們將探索如何實踐它們，並透過個人和組織的成功實例來讓大家了解。

1 看見其他人

幾年前，亞賓澤協會受聘於一家大型電力公司，目標是想辦法減少公司領導人每年耗在編列下一年度資本支出預算的大量時間，達到節約時間和金錢的目標。

我們大約花了三十分鐘，把編列預算的程序拆解為幾個主要部分，現場大約四十位主管按照各自的職責分組，計畫人員一組、工程師一組，依此類推。然後各組在白板牆上畫出他們在預算編列程序中的向外心態關係

圖：首先在正中央的圓圈內寫上自己負責的部分，然後在圓圈周圍列出在預算程序中和他們有關聯的人和群組，然後畫出向外的三角形指向各個群組，並且在每一組旁邊寫下他們所知道的該組需求、目標和挑戰。

幾分鐘之後，牆壁上畫滿了類似圖13的關係圖。

然後每一組的所有成員都要看過全部的圖，確認有沒有哪張圖需要加上自己或別人的名字，或是加上沒有被列出來的重要需求、目標或挑戰。每個人都可以自由修改任何一張圖。

這些圖讓主管們正確認識自己與其他人之間的關係，能夠比以前更清楚地看見其他人，他們只需要真的睜開眼睛開始看就好了。我們請不同的團隊輪流到前面來，其他人可以隨意發問，盡量了解這個團隊的需求、目標、挑戰和作業方式。

圖 13　向外心態關係圖

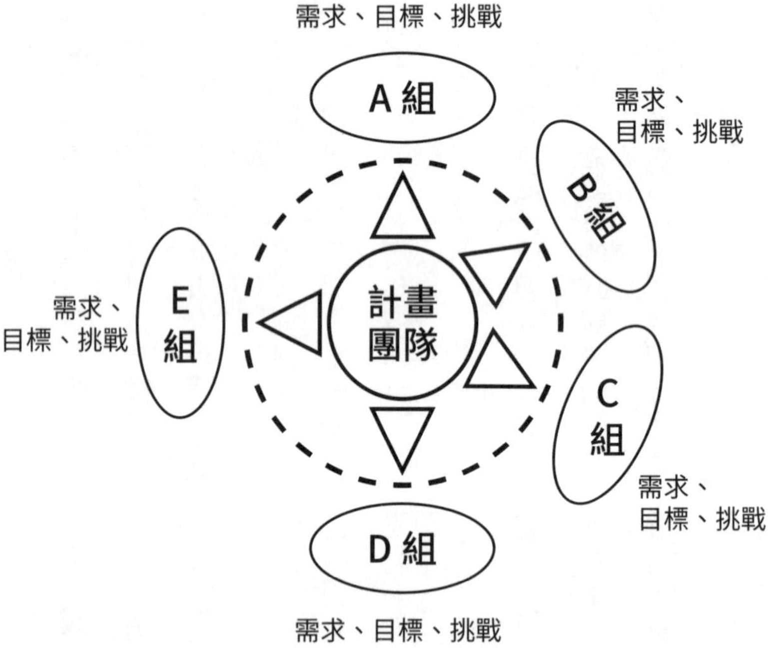

第一組是計畫團隊。他們在每年年初啟動預算程序，檢視社區預計的用電需求量及電力產能，最後整理出下一年度需要進行的各式工程與建設案。這個部分要花上四個月的時間。在過去，計畫團隊是在五月一日把訂好的計畫移交給下一個群組，也就是工程團隊；接著工程團隊會用兩個半月的時間構思方案，然後移交給負責處理第三階段的團隊，依此類推。

當大家為了更充分了解計畫團隊的需求和目標而提出問題時，有趣的事情發生了：計畫團隊的人也立刻開始對提問者的需求和目標產生興趣。原本的一問一答演變成熱烈的討論，而且討論到一半就有了驚人的發現：計畫團隊在一月中就能夠確認八到九成將會付諸實行的方案，剩下的一到二成則需要再花上三個半月定案。認清這一點之後，計畫團隊馬上看到明擺在眼前的精簡方案，可以一口氣削減三個月的預算工作時程：他們不必等到所有計畫都定案再整批移交給下個團隊，從現在開始，個別計畫只要確認一定要做，就立刻送入下個階段。這個改變意味著工程團隊可以從一月開始工作，而不是五月。這是極大的進步，而且這只是上臺的第一組。

為什麼之前沒辦法發生這樣的改變？當然有可能發生，畢竟這是一群很有能力的人。但如果沒有一套有系統的方法去發掘組織內既存的解決方案，很多非常有幫助的方案就這樣靜靜被埋沒。打個比方，這就好像組織內有很多潛在的藍芽連線，但是大部分都沒有打開。一旦讓這些裝置彼此找到連線，就能開始對話，然後想出讓事情變得更好的辦法。讓這些裝置彼此發現的一個方法，就是製造機會讓他們看見其他人。第八章介紹過的營運計畫檢視會議就是一個例子，艾倫•穆拉利在福特汽車公司每週舉行的營運計畫檢視會議，讓福特的高階主管團隊有機會學習看見彼此。

新聞記者暨作家布蘭達・厄蘭（Brenda Ueland）寫過一篇饒富哲理的小品文〈多告訴我一些：傾聽的藝術〉（Tell Me More: On the Fine Art of Listening）中，談到透過傾聽去「看見其他人」的單純力量，發人深省：「傾聽是一件奇妙的事，具有磁性，是創造的力量。想一想那些認真傾聽我們說話的朋友，我們是如何地心嚮往之，想要坐在他們能接觸到的範圍內，彷彿他們散發著對我們有益的紫外線。原因就是：『有人聽我們說話』是一種創造性的經驗，能讓我們展現自我，向外拓展。許多想法開始在我們心中萌芽生長，活躍起來。」[1]

接著厄蘭描述了她自己的變化，以前她是怎麼跟其他人互動，在她學會關心其他人之後，又是怎麼學會與人互動。她所描述的舊習慣，正是許多公司的銷售過程和開會情況的寫照，也反映出許多社交場合的人際互動：「從前……我參加聚會的時候，總是會焦慮地想：『加油啊。活潑一點。多說好話。跟人聊天啊。別鬆懈下來。』累了的時候，我得喝很多咖啡來提振精神。現在去參加聚會前，我只會對自己說，有人跟我說話的時候要用心聽，設身處地為他們想；試著去了解他們，而不是強迫對方接受我的想法，或是與人爭辯，或是改變話題。這些都是不對的。我的態度是：『多告訴我一些』。」[2]

羅布・狄龍（Rob Dillon）經歷過和布蘭達・厄蘭一樣的轉變。羅布是狄龍花業的第四代繼承人，這家大盤花商的服務範圍包括賓州和鄰近的東岸數州。隨著愈來愈多大型商場開始販售鮮花，狄龍花業以往的顧客群，也就是小型地方花店，數量不斷減少，使這個家族事業面臨嚴峻的挑戰。為了留住顧客，狄龍花業的一個重要策略是親自造訪顧客，可是羅布痛恨這項工作。他知道自己的顧客正在掙扎求生，他不喜歡走進這些顧客的店裡，試圖說服他們買東買西的那種推銷產品的感覺。結果，羅布一年比一年更少去拜訪顧客，直到他領悟了厄蘭所描寫的真正看見其他人的力量。

羅布討厭跟顧客打交道，是因為他拜訪客戶的時候，一心只想著自己，而不是想著對方。他最關切的是想辦法讓拜訪的對象購買產品，他和顧客互動的方式，就像厄蘭以前在社交聚會中的表現，那時候的厄蘭還沒學會單純地關心其他人，對其他人敞開心胸。羅布對於要盡力表現、打動對方、賣出產品等，都感覺到龐大的壓力。他說：「以前我帶著一套盤算去和顧客開會，總是擔心東擔心西的。」但是當他學會去真正看見其他人後，一切都改變了。

現在，羅布去見顧客的時候，心裡只有一個念頭：「我能幫上什麼忙？」他拜訪顧客不是為了打動對方，自然不必力求表現。他只想要弄清楚，自己能做什麼來幫助對方，而第一步就是看見——試著去了解其他人的需求、目標和挑戰。羅布在轉換心態後，現在每週撥出一到二天拜訪顧客，他很訝異地發現自己喜愛這件差事。一個直接的成果是，原本停止向狄龍花業採購的顧客又回頭了，許多原本考慮更換供應商的顧客，也重新建立起對彼此夥伴關係的信心。

羅布描述自己經歷的轉變：「自從學到向外心態以後，我去見顧客的時候，只想著要盡量了解他們的需求、目標和挑戰。走進花店的時候，我寧願顯得笨拙，而不是要聰明。我對他們說，我想要知道該怎麼做才能幫助他們更多。然後我就只是聽。真心把他們當成人看待，那麼不管他們說什麼，都很容易產生共鳴。沒有什麼好怕的。我只是去幫忙的。」

這段敘述深具啟發性。當羅布抱持向外心態時，他真心想要看見其他人，於是自然而然渴望提供更多幫助。這帶領我們走上向外心態的第二步：調整做法。

2 調整做法

以下是我們的一位老同事泰瑞・歐森（Terry Olson）分享的經驗，當時他在為公立學校的老師舉行研習，地點是在一所有門禁的教育機構，專收有嚴重行為問題的小學生，有一些該所學校的老師在教室後方旁聽。

研習進行到一半，這群在後方的老師中，有人提出問題，詢問該如何應付某個愈來愈不受管控的男生。事實上，他們經常讓這個孩子到「靜思室」（一個鋪地毯的上鎖小房間，用來隔離搗蛋的孩子）去面壁思過，但是他的表現似乎愈來愈糟。被處罰思過以後，他會安分一小段時間，然後變得比之前更調皮搗蛋。他最誇張的行為發生在上個星期，有名工人正要把汽水裝進販賣機，在他用手推車搬運的過程中，讓學校的一扇門開著，而這個不聽話的男孩托比剛好從教室逃出來（這是經常發生的事）躲在休息區，便趁這個機會就跑了出去。

托比跑到學校操場，脫光了衣服在遊戲場上跑來跑去，不久之後，只見一群驚慌失措的老師追在光溜溜的托比後面跑。提問的老師質疑道：「所以，你要拿這樣的學生怎麼辦？」

泰瑞告訴這位老師，他沒有什麼神奇的解決辦法，但他的建議是，如果這個男孩被關禁閉以後變得更不聽話，或許這種處罰方式對他沒有效，反而使他更反抗自己被當成物品看待。泰瑞解釋：「對一個物品，你要它怎樣就怎樣。你可以把毛巾丟進水槽、把球踢到球場的另一端，或是把衣服塞進洗衣袋。但是如果你對著人又踢又丟又塞，人通常會反抗。托比有可能是在反抗自己被當成一個『物品』。」

泰瑞建議這些老師，如果他們使用的懲戒方法沒有一個奏效，或許應該考慮採取不同的策略。如果托比逃課，除了把他抓回來關進靜思室以外，有沒有其他辦法？泰瑞請他們發揮想像力，他說：「我們是不是可以問自己：如果我真心誠意愛這個男孩，我會想要怎麼做？」接著泰瑞請這些老師照著他們想到的方法去做。

兩個星期後，泰瑞回到這所學校進行下一場研習，他很好奇托比後來怎麼樣了，是不是有任何進展。到了學校，老師們迫不及待地要報告，一位女老師講述了以下的經過：

我們上次談話的兩天後，托比跑出了我的教室。我沒有立刻派教學助理去追他，而是繼續教課。過了幾分鐘，我請助理接管全班，自己去找托比。我在禮堂找到他「藏」在一張毯子下。托比躲藏的方式和大部分二年級學生差不多，會把腿伸出來露在毯子外面。我問自己：「如果我真心誠意愛這個男孩，我會想要怎麼做？」我立刻想到自己小時候玩躲貓貓的情況，於是一股衝動湧上來，我趴到地板上，鑽進毯子，爬到托比身邊。他的反應已經不足以用驚嚇來形容。我告訴他：「我現在沒辦法陪你玩躲貓貓，全班在等著我上課。但如果到了下課時間你還想玩，我會來找你。」

下課的時候，我回到禮堂，他似乎動都沒動過。我掀開毯子喊：「找到了！」然後跟他說我想再當一次「鬼」，接著把毯子蓋在頭上說：「我會數到二十五。」他呆呆站在原地，直到我數到十，才猶豫不決地跑出了禮堂。我去找他，在一間教室的掃具櫃裡發現他把自己塞了進去。我再一次開始數數，然後在上課鐘聲響起的時候，第三次找到了他。我向他解釋，現在我得去上課了。

二十分鐘以後，他幾乎是躡手躡腳地溜進教室，滑進座位。他的表現稱不上是乖小孩，但是我變得和以前不一樣了。他亂七八糟的時候，你的那個問題就會在我腦袋裡迴響著：「如果我真心誠意愛他……？」有時候，我會暫停上課，問他問題。有時候，我會請他幫忙別人。有時候，我會說我需要幫忙。有時候，我會告訴他，他就是「不能那樣做」，然後繼續上課。他會安分下來。這需要每天不斷努力，但現在我對他的態度不一樣了。他在我的眼中顯得不一樣了，即使是在調皮搗蛋的時候。

這位老師體認到所有向外心態的個人和組織都知道的一件事：要提供真正的幫助，沒有公式可循。向外心態並不代表必須遵守這樣或那樣的行為規範，而是意味著當你看到其他人的需求、困難、渴望和人性表現時，會在當下想出最有效的方法並調整做法。如果你把其他人當成人看待，自然會以人性的態度做出回應，提供幫助，也會很自然地根據你所看到的身邊人的需求，來調整做法。抱持向外心態，讓我們以新的角度去看待其他人，接著自然會調整自己的做法。

然後是向外心態的第三步：評量自己對其他人的影響。

3 評量影響

想要實踐向外心態的人應該如何評量影響呢？具體而言，公司組織和個人該怎麼做？請看下面的例子。

查爾斯・傑克遜（Charles Jackson）是在一家中型律師事務所工作了三年的受雇律師，他參加了一堂我們舉辦的領導課程。查爾斯大約有九成的工作時間都花在處理律師事務所合夥人帶進來的案子，剩下的一成用於服務自己幫事務所拉到的客戶。當我們討論到用向外心態工作時，有兩位他自己的客戶在查爾斯的腦海裡揮之不去。這兩位客戶都對查爾斯的工作不滿意，但是直到查爾斯來上課之前，他一直沒把這件事放在心上。他自我安慰的說法是：「我不可能讓每位客戶都滿意。這也是沒辦法的事。就算他們對某些部分不滿意，我還是把工作做完了。」在研討會中，我們提出的概念是：向外心態的工作態度，不僅必須對自己做的事負起責任，還要對自己產生的影響負責。當查爾斯開始思考及消化這個概念後，那兩位客戶的情況在他眼中開始顯得有點不同。

其中一位客戶不滿意查爾斯花了太長的時間處理他的案子。直到那時為止，查爾斯都只覺得這個抱怨很無稽。不過現在想起來，他領悟到這位客戶的牢騷是有道理的。查爾斯並沒有把這件案子擺在很高的優先順位，他緩慢的處理速度造成了客戶的困擾，而他從來沒有想過要改善或道歉。

第二位客戶是被查爾斯寄出的帳單嚇了一跳。查爾斯不喜歡談收費的問題，所以完全沒有和這位客戶談過收費的事。客戶第一次知道查爾斯的工作費用，就是在收到帳單的時候。

查爾斯考慮過自己對這兩位客戶的影響之後，覺得應該把錢退還給他們，於是他就這樣做了。其中一位客戶住在別州，所以查爾斯寫了一封道歉信，並且附上退款支票。另一位客戶和查爾斯住在同一座城市，所以查爾斯親自去道歉並送上支票。

你認為有多少律師會主動心甘情願退還客戶付給他們的錢？

查爾斯在那一年的五月退款，並開始固定追蹤自己對客戶的影響，與客戶保持聯絡，確認自己的工作符合或超出客戶的期待。之後發生的事非常有意思，這些客戶開始向親朋好友提起自己有個誠實又有良心的律師；到了七月，查爾斯每週接到七位新客戶，到了十一月，增加為每週十三位，查爾斯得雇用事務所的三位同事來全職處理他帶進來的案子。到了三月，他離職，自立門戶。

這一切都是因為查爾斯堅持不懈地追蹤自己對客戶的影響，要求自己負責。他把定期追蹤聯絡客戶的行動稱為「自我問責檢查」。這種評量影響的方法其實很簡單，只要願意定期和其他人談一談，了解對方是不是覺得自己做的事情對他們有幫助就可以了。

另一種評量方法是找出一套指標，讓個人或組織看到他們努力幫助的對象能夠完成或實現什麼。非營利機構「希望升起」（Hope Arising）就是這樣做的。

希望升起團隊致力於援助衣索比亞農村孤兒和高風險兒童，為了解決這些兒童居住的乾旱地區飲用水問題，整個團隊孜孜矻矻工作，盡力提供更多乾淨的水。可想而知，他們用來衡量工作成果的指標是產量，也就是提供了多少加侖的淨水。

等到希望升起團隊學到向外心態工作模式後，發現儘管他們找到了需求並努力調整做法以滿足這個需求，但他們從來沒想過要如何評量工作所產生的影響。結果是，他們並不清楚是不是真的滿足了這些他們想要幫助的兒童的需求。他們開始思考要怎麼樣才能評估實際產生的影響。

他們知道必須評估當地的情況。一個成員提出疑問：「什麼樣的指標能讓我們看到我們的影響，而不只是產量？」另一個成員回應：「人們想要什麼影響？他們希望乾淨的水可以為他們做什麼？如果能回答這類問題，或許我們就能想出該評量什麼。」

團隊成員帶著這些疑問，開始訪問整個地區的村落，他們在一間又一間的小屋裡聽到同樣的回答：「我們需要乾淨的水，是因為要讓孩子能夠上學。孩子如果喝了髒水而生病，就不能上學。如果孩子不能上學，巡迴學校的老師就拿不到薪水，他們就會搬到別的村落去。但如果我們的孩子不接受教育，就永遠沒辦法脫離貧困。」

這給了希望升起團隊兩方面的啟示。第一，他們找到了評量影響的方法：計算孩子上學的天數。這個評量指標能讓他們看到，接受服務的人最重視的東西因為他們的貢獻而產生什麼影響，而且這個資料可以從地方政府那兒輕易拿到。第二個啟示是：他們真正該從事的不是供水事業，而是幫助孩子上學的事業。這個啟示讓他們開始思考供水以外的各種幫助孩子上學的方法。

希望升起團隊的故事讓我們知道，光是實踐向外心態工作模式的前兩個步驟並不足夠。如果不去評量服務對象因為我們所做的事而產生了什麼影響，就不可能看到需要調整的重要項目，也就不可能提供適當的服務。

10　不要等別人，從自己做起

如果你曾經讀過我們的另外兩本著作《有些事你不知道，永遠別想往上爬！》與《和平無關顏色》，應該對裡面的一個角色「盧・赫伯特」（Lou Herbert）不陌生。這個角色的靈感來自傑克・豪客（Jack Hauck），他創辦了聖路易市的特伯樂鋼鐵公司（Tubular Steel）並長期執掌公司營運。特伯樂鋼鐵公司在全美境內銷售鋼鐵和碳鋼產品，由於高階管理團隊勾心鬥角，阻礙了整個公司的成長，因此聘請了全球知名的一位顧問來協助克服這個問題。經過好幾個月，嘗試了一個又一個徒勞無功的方法，傑克問這位顧問知不知道還有什麼辦法可以嘗試；於是這位熟悉亞賓澤協會工作成果的顧問，推薦傑克聽聽看我們的概念。

我們第一次跟傑克和他的主管團隊開會時，把焦點放在幫助每一個團隊成員重新評估自己對公司目前的困境做了什麼或沒做什麼，我們請他們仔細思考這句話：「我想，問題出在我身上。」

儘管傑克迫切想要改善公司的問題，但是一開始他並沒有把這句話套用在自己身上，他對大家說：「我要你們全部記好這句話。我要做海報貼在公司裡的所有地方。」然後他指著來開會的主管說：「別忘了：你們要想，問題出在你們身上。」大家的白眼都要翻到腦袋後頭去了，忍不住搖頭掩面。在思考公司的問題時，人們太容易把自己排除在原因之外，甚至根本沒發覺自己正在這樣做。

雖然特伯樂鋼鐵公司的問題不是單一個人所造成的，但如果大家不願意正視自己在問題當中扮演的角色，顯然不可能解決任何事。回顧第八章福特汽車公司的故事，你應該還記得艾倫・穆拉利首先必須破除的，就是團隊成員不願意站出來承認自己造成了公司的問題；解決了這一點之後，才能改善其他地方。當時，福特領導團隊的大部分成員考慮到過往歷史，都覺得向外心態很可能危及個人前途，事實上，風險之高讓他們基本上寧願讓公司放著爛，也不願意承認自己有問題並想辦法解決。直到有一個人願意踏出第一步，在沒辦法保證其他人可能有什麼反應的情況下，主動轉為向外心態，情況才開始改變。

所以，儘管在我們推動改變心態時，最終目標是讓每一個人轉向外彼此面對，但是唯有當人們做好心理準備，願意在不計較別人是否會改變心態來回應的情況下，率先做出轉變，才有可能實現這個目標。

如果能夠不管別人有沒有改變，都願意改變自己看待別人、與人合作的方式，就能克服改變心態過程中最大的障礙，也就是人們與生俱來的向內心態傾向：等待其他人先改變，我才要改變。這是組織內常見的惡性循環，主管想要員工改變，而員工等著領導人改變。父母想要孩子改變，孩子也同樣等著父母改變。配偶等著對方先改變。

每個人都在等。

所以沒有任何事改變。

說來諷刺，改變心態的過程中最重要的一步，就是主動踏出你期待對方先踏出的那一步。圖14呈現出這最重要的一步。

圖14的上半部畫出兩個人（我和別人）互相抱持向內心態。我們兩個人背向彼此，忽視對方的需求和目標，卻都在等待對方看見自己。我希望對方看見我，考慮到我，體諒我的觀點、目標和需求。我或多或少知道對方對我有同樣的期待，但是出於第五章討論過的那些原因，我拒絕配合對方的期待。

圖 14　最重要的一步

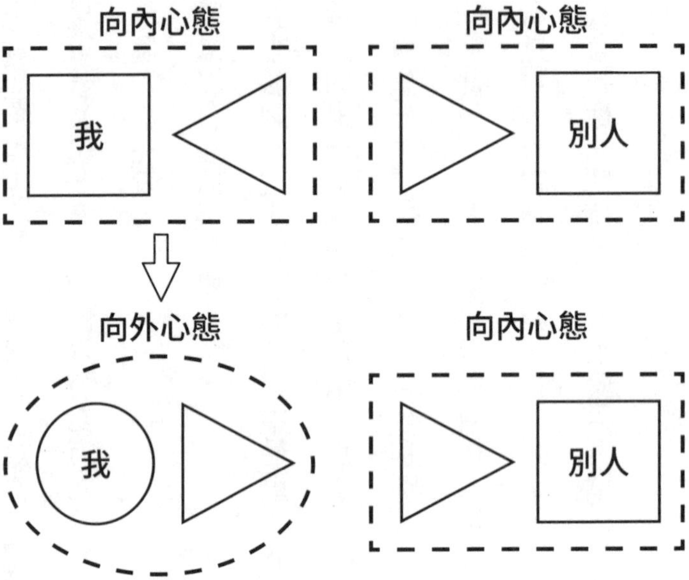

最重要的一步是由我放下內心的抗拒，開始去做那些我希望對方做的事。圖14的下半部畫出了這一步，從圖中可以看到，推動心態改變時，最主要的目標應該是協助人們準備好改變自己的心態，不管其他人是不是願意或準備好改變他們的心態。

如果每個人都在工作中抱持向外心態，我們的公司豈不是會變得更好？沒錯，但要達到這種理想狀態，必須有一些人願意率先改變，而且不論其他人是否響應投桃報李，都要堅持下去。

這種單方面的改變，正是領導的精髓。遺憾的是，踏出這一步的人少之又少。人們不願意踏出這一步的原因，正是因為對方的向內心態讓自己有正當理由只顧自己。特伯樂鋼鐵公司的傑克，用向內心態對待他的領導團隊，所以給了團隊成員充分的理由，更進一步強化原本採取的自我中心防衛姿態，甚至是戰鬥姿態。其中陷得最深的就是傑克的左右手兼幕僚長賴瑞・海茲（Larry Heitz）。

傑克不知道的是，在我們第一次和主管團隊開會時，賴瑞已經計畫要離開公司。和傑克相處多年以後，賴瑞覺得受夠了，傑克永遠不可能改變，唯一的明智選擇就是走人。賴瑞知道銷售主管有同樣的感受，於是他們開始暗中招兵買馬，挖走公司最優秀、最能幹的人才，另創一家公司來搶生意。

賴瑞的叛變深深打擊了傑克，他開始省思自己是不是使公司深陷困境的共犯。以往他用放大鏡檢視部屬，現在則是重新檢視自己。他開始改變，包括在家裡和在工作中。

賴瑞在為新公司打拚的同時，聽說了傑克正在努力改變領導風格。這讓賴瑞想起以前在特伯樂鋼鐵公司從傑克那兒學到的種種東西，他學到的這些東西是新公司能夠成功的關鍵。此時，出現了一個買主有意買下他的公司，於是賴瑞開始考慮要不要重返傑克的團隊。

離職已經一年的賴瑞拿起電話打給傑克：「傑克，我是賴瑞。離開公司以後，我想了很多。這麼多年來，你在我身上投資很多，我所知道的每一件事都是你教我的。我用你教我的東西，建立了自己的公司，現在我想我可以幫你扭轉特伯樂的情況。我不知道你願不願意讓我回來，但是我真的很想回來，一起努力挽救公司。」

不可思議的是，傑克答應了。

賴瑞回到特伯樂鋼鐵公司，投入全部的心力與一小隊亞賓澤協會人員合作，在整個公司內推廣實踐一套系統性的向外心態工作模式。在他們的努力之下，員工和部門開始一個個轉為向外心態，這是需要耐心慢慢培養及訓練的過程。

特伯樂鋼鐵公司內部有兩個持續爭執對抗的部門，銷售部和信用部每天吵個不停，公說公有理，婆說婆有理，兩邊都有道理。

信用部負責控制呆帳率，要壓低在公司營收的二・五％以下，所以認為自己有責任仔細審查每一筆授信申請，並且擋掉大部分的申請。信用團隊從經驗中學到要小心銷售人員，因為他們為了成交，可能會隱瞞信用風險，或是繞過信用部找高階主管開特例，又或是搶在銷售期限前一刻提出申請，以致沒有足夠的審核時間。

當然，從銷售團隊的觀點看來，這又是另一個故事。眼看大買賣就要成交，信用部的人卻老是用這個或那個技術問題，來刁難客戶的授信申請，那些規則和政策變個不停，而且變了也不會通知。由於銷售人員的薪水跟著佣金走，所以每次被信用部打回票時，都會感覺自己被陷害了。

氣炸了的銷售團隊會說：「他們難道不懂，東西賣不出去，公司就不會有收入？」

信用團隊會不甘示弱回嘴：「但是收不到的呆帳，根本不算收入。」這是一場永無止盡的拉鋸戰，雙方扯著同一條繩子的兩端拔河，你贏我就輸，我贏你就輸，只有一方能達成目標。兩邊都情有可原，轉為向外心態似乎代表著必輸無疑。

但是，長期領導信用部的艾爾．卡連（Al Klein）在職業生涯中第一次懷疑起是否真的有必要鬥爭。他在一場整天的關門會議中，開頭就告訴團隊成員：「我們必須有不同的做法。我已經把今天一整天空下來，就是要處理這件事，除非我們想出辦法既能滿足公司的呆帳限度，又能讓銷售團隊順利成交，否則絕不散會。」

艾爾和信用團隊看到了銷售團隊的需求、挑戰和目標，於是開始更用心思考他們能做什麼。一個團隊成員說：「現在有四十種不同的產品在銷售，有些是高利潤的特殊產品，有些是量大但利潤低的商品。如果我們能找到方法，讓那些購買高利潤特殊產品的顧客通過授信審核，肯定不只是銷售團隊，連整個公司都會獲益。」一旦他們開始用這種方式思考，一個截然不同的新目標躍然而出：用能夠幫助銷售團隊達成銷售目標、幫助公司實現獲利目標的方式，來維持二・五％的呆帳率。他們也決定去徵詢公司領導階層的意見，看看嚴守二・五％的規定是不是真的對公司最有益處。他們想要以開放的心態找出更好的做法。

這個新目標需要信用部想辦法協助銷售部，在信用部中激發了一波新的創意和創新方案。信用部做出改變不到一個星期後，就有人聽到銷售團隊說：「要說誰最懂得怎麼幫助顧客符合資格，那一定是我們的信用團隊了。」

傑克、賴瑞和艾爾的共通點，就是不顧其他人向內心態的挑釁，先開始轉為向外心態。他們開始考慮到自己對其他人的影響，因此渴望找出改變的方法，讓公司變得更好。當他們專注於這個目標，就不再有對抗意識，而是開始思考自己是不是讓對方更難達成公司要求的目標。他們三人都是主動改變，並不要求對方做出同樣的改變。他們擺脫了向內心態，因而找到克服原本難處的辦法，而且沒有要求對方回報。對傑克、賴瑞和艾爾來說，這是最重要的一步。

看到傑克和賴瑞把焦點放在公司的需求、艾爾和信用團隊把焦點放在銷售團隊的需求，公司內部的其他人也開始構思不一樣的工作方式並付諸實行，這些工作方式比他們以前曾經體驗過的任何方式都更有效率。特伯樂在兩年內成為業界投資報酬率最高的公司，後來繼任傑克成為總裁的賴瑞回憶這段過程時說：「大家都弄清楚自己該做什麼，不只是要讓自己負責的區塊成功，還要幫助其他領域的人更成功。過了兩、三年就產生巨大的差異，創造了不同的公司文化。結果是我們的營業額從三千萬美元增加到超過一億美元，利潤是從前的四倍多，而且在這段時間內，我們的產品市場從大約一千萬公噸降到六百萬公噸。即使市場衰退，我們的成長幅度還是達到四倍。」

要是傑克、賴瑞和艾爾等著其他人先改變，特伯樂鋼鐵公司就不可能獲得前述的任何一項成就。諷刺之處在於，唯有當他們放棄要求對方改變，才終於能夠看到正確的道路，做出讓對方想要改變的行動。

致力於培養向外心態文化的公司，會幫助員工做好準備，在其他人還沒改變的情況下，也願意先轉換為向外心態，並且保持下去。堅持向內心態的人到最後將無法留在這樣的組織內，因為留下來不論是對他們自己、公司或顧客都沒有益處。

人們無法在一夜之間轉變為向外心態，就算是在已普遍採取向外心態的組織裡，人們有時候也會開倒車回到向內心態。有時候則是顧客展現出向內心態。除此之外，要實現普遍的心態改變，在很大程度上仰賴那些率先改變的人起帶頭作用，這些原因在在使得「能夠在眾人皆醉我獨醒的情況下，堅持依據向外心態採取行動」成為一種極端重要的能力。這是最重要的一步。

有時候人們害怕踏出這一步，是因為擔心被其他人占便宜。但其實這是一種誤解，如果你認為「儘管別人拒絕採取向外心態，自己還是照做」是一種不識時務的表現，或者會因此縱容不好的行為，那就錯了。真正讓人看不清現實，也更容易吃虧的，並不是時時刻刻關注其他人的向外心態，而是向內心態，因為向內心態會使你不注意其他人，同時激起其他人的反抗情緒。最清楚知道這一點的，莫過於在高風險的危險情境中工作的人，像是我們先前介紹過的海豹部隊和特警小隊。他們知道自己的性命和任務的成敗，取決於能不能充分掌握所處的複雜情境，而且必須以不會挑起更多反抗的方式完成任務。向外心態不會使他們軟弱寬縱，而是做出更明智的行動。

同理，有時候人們抗拒踏出這最重要的一步，是因為認為向外心態會使他們在該強硬的時候硬不起來。這種想法是錯誤的，如同前面所述，向外心態不會使人軟弱，只會使人更開放、更有好奇心、更懂得觀察。反過來說，向內心態並不會使人堅強。事實上，向內心態的人常常做出更軟弱的舉動，因為他們希望給別人留下好印象（這是向內心態常見的動機），所以時常在應該採取直接行動時，反而去遷就、討好及縱容其他人。相對的，抱持向外心態的父母和領導人，可能會為了幫助其他人成長進步而採取強硬行動。為什麼？因為有時候他們有責任輔導的人，所需要的絕非懷柔。人們是因為出於誤解，才會擔心向外心態可能使人軟弱。

我們也經常遇到領導人因為另一種不同的恐懼而綁手綁腳。他們認為改變心態或許是一個不錯的點子，但是又擔心不知道底下的人會有什麼反應。所以這些領導人蜻蜓點水地做出改變的嘗試，然後等著看下面的人怎麼反應。他們的理由是：要根據下屬的反應，再決定是不是繼續進行。

在我們的經驗中，當人們看到領導人試水溫的態度，理所當然會認為這件事大概沒什麼了不起。結果領導人只看到不太熱衷的反應，就此斷定不值得進行下去。這個領導人完全沒有意識到，他所觀察到的冷淡反應，其最大的因素就是他自己：下屬因為看見領導人的冷淡態度，才會有冷淡的反應。

請記住，要遵守的原則是：我想，問題出在我身上。從我出發。其他人會有什麼反應，主要取決於他們看到我有什麼表現。

最重要的一步，是由我踏出那最重要的一步。

Part 4

改變心態後的加乘效應

11 要改變行為，先改變心態

堪薩斯市警察局中央巡邏分隊的麥特・唐曼席克（Matt Tomasic）警官正要結束在西城（West Side）的勤務，卻看到一名男子在對一名女子施暴。他大喊：「我是警察！手放開，向後退。」麥特亮出警徽。「現在立刻照做！」男子放開了手，卻沒有後退。「後退。立刻！」麥特大喊。男子轉身開始走向麥特。

就在這時，路上有兩輛開過來的車子發出緊急煞車的尖鳴聲並停下。車門碰地一聲打開，跳出幾個當地人，他們直接奔向那名男子，包圍住他。他們想要做什麼？原來是要保護唐曼席克警官。

為什麼這些人及社區內的其他人會協助警察？這個故事可以讓我們學到：任何改變都應該從改變心態做起。

五十多年來，堪薩斯市西南大道（Southwest Boulevard）和高峰街

（Summit Street）的轉角，以及附近一家賣酒商店的停車場，一直是該市西城的零工集散地。這裡位於市中心的西班牙區，有很多為當地西班牙裔族群提供服務的商店。在很長一段時間內，臨時工的人數維持在可控管的範圍內，來找工作和邀工的人大多能找到所需。但後來，在短短五年內，這一區聚集的人數激增，遠遠超出工作需求。

這個激增的族群大致可分為兩種人：一、有證件和沒證件的想找工作的人；二、有證件和沒證件的不打算工作的人。第二類人中包括聞風而至想要在第一類人身上撈油水的罪犯。那些不想找工作和找不到工作的人在附近遊蕩，因為沒有廁所，就在人行道上小便或是躲進巷子裡上大號，有些人還會當街脫光衣服，用路邊住戶的水龍頭沖澡。這一區的犯罪活動暴增，商家開始遷離，社區民眾起而武裝反抗。

為了控制情況，堪薩斯市警察局採取了大多數人會選擇的方案：行為介入。具體做法是派出大批警力鎮壓，絕不容忍任何違法行為。奇普・胡斯的特警小隊就是被派出的警力之一，那時他們還沒有做出第一章所描述的轉變。奇普的小隊和其他警官強力掃蕩鄰近街區，任何人只要違法，就算是一點點小事也會被逮捕，許多人因為在公共場所喝酒或違反其他說得出來的任何一條法律條文而被捕，但通常不到一天又被放出來，回到同一個街角遊蕩。不管警局投入了多少資源都沒用，西城布署了五十名警力，情況卻愈來愈糟。

麥特被派駐在距離西南大道和高峰街口不遠處的一個小社區中心，負責領導執行警局的零容忍政策。有一天，他被長官叫去下了最後通牒：「西城爛得像坨屎。搞定它，唐曼席克。你有兩個星期的時間。」

麥特準備直接放棄，在返回社區中心的路上，他滿腦子想著要如何調去比較簡單的任務，例如偵查兇殺案。他走進社區中心，告訴和他一起工作的平民夥伴琳達・凱隆（Lynda Callon），他很快就要調走。他對琳達說：「我做到拚死拚活，事情只是愈來愈糟。」

琳達認真聽他說完，然後說：「麥特，你暫時假裝自己不是警察，想一想那些人。他們的生活是什麼樣子？要一直擔心下個工作不知道什麼時候會有著落，或是沒有基本的生活必需品。沒有洗手間，也不知道下一頓飯在哪裡，你覺得那是什麼樣的生活？他們有什麼感受？」

請注意琳達提出的問題，全都是關於他們一直試著要改變的人有哪些需求和目標。琳達在邀請麥特開始用向外心態去思考、去看見。而麥特的回應是第一次真正開始考慮這些人所面臨的問題。

麥特和琳達工作的社區中心裡有一間廁所和一個小爐子，他們想到一些簡單的事情是自己能做到的，而且能幫助這些人滿足一部分基本需求。他們對外宣傳，說歡迎這些人使用社區中心的廁所，並且自己出錢出力在爐子上隨時煮著一鍋豆子，供他們食用，還準備了咖啡。這只是開始，之後麥特和琳達做出了無數的改變，跳脫了以往的做法。一旦他們真心把這些人當成人看待，就開始想出能夠調整什麼地方，來幫助這些以前他們只是一心想要抓起來關的人。

不久後，麥特和琳達把社區中心當成勞工仲介站，對於當天沒找到工作的人，就鼓勵他們到社區提供睦鄰服務，像是清理枯枝落葉、粉刷房子，或是幫忙鄰里中的女性長輩製作墨西哥粽。麥特在大部分時間都捲起袖子和這些人併肩工作，彼此熟悉之後，這些人和社區裡的人開始信任麥特，並開始改變他們對警察的看法。和他們一起工作，也讓麥特有機會看到自己的做法是不是真的對這些人有幫助，他開始根據這些人產出的成果來評量自己的影響，而不是去計算他把多少人送進監牢。然後他再根據觀察到的結果進一步調整，找出更有效的做法。

隨著麥特和琳達的創舉逐漸凝聚動能，另一位暱稱為「查多」的警官奧克塔維奧・維拉羅布斯（Octavio "Chato" Villalobos）聽說了這件事。在西城長大的查多，對這一區面臨的挑戰有切身體驗，他聽到有位警察為了西城的人在爐子上煮著一鍋豆子，而且還讓他們進社區中心用廁所。查多對麥特所做的這些事深感興趣，所以主動要求調派到這個他成長的地方，和麥特一起工作。上工的第一天，查多穿著全套警察制服，戴著太陽眼鏡，腰帶上掛著備用的彈藥和手銬。不過，麥特強烈建議查多回家換上T

恤和牛仔褲，因為這樣才能執行對西城有效的警察工作。

從此以後，麥特和查多這對搭檔，在堪薩斯市的西城社區行動聯盟中心（West Side Community Action Network Center）合作至今，這個地區成功復甦的故事傳遍了全國。犯罪率降至空前的低點，商家也開始搬回這一區。這兩位警官完成了五十名警力做不到的事，全是因為他們抱持向外心態來處理這個問題，而且所採取的方法讓整個社群想要改變心態。

現在回想起來，西城發生的改變還是讓查多不敢置信。他說：「這些人在那個街角晃蕩了五十年。麥特只不過是真心把人當成人看待，就解決了這個問題。你知道，就是一視同仁的尊重，去認識這些人是什麼樣的人，認識哪些人是壞人。效果太驚人了。」

警察局面對西城的困境時，最初的反應是用絕對的行為介入來解決問題。因為想要速戰速決，派出了占絕對優勢的武力，結果卻鎩羽而歸。西城的改變完全是因為麥特和查多慢工出細活的心態工作。

我們故意說心態工作是「慢工」，是因為那些只想到用最直接的改變行為方法來解決問題的人，往往不了解心態的重要，因此認為改變心態的努力是在浪費時間，只會拖慢進度。這種想法錯到離譜，堪薩斯市西城的例子就是一個明證。

另一個相似的例子，是一家跨國大型企業存在已久的勞資爭議，因為「從改變心態開始」而順利解決。為了協助這家企業，我們先花兩天的時間和資方的二十位主管及十位勞工領袖相處，協助他們改善對彼此、對工作的心態。第二天的最後一個小時被特別空下來，練習把這兩天學到的東西應用在目前面對的一個具體問題。

他們舉出了一個陷入僵局的勞資爭議，已經準備要交付仲裁（很遺憾，我們的資訊收集工作不夠徹底，沒有預先得知這個爭議）。勞資雙方在過去幾個月始終無法達成協議，眼看只能走上勞民傷財的仲裁之路。在場的成員表示，他們想要試試看能不能在剩下的時間內找出一條路，打破僵局。

於是兩天以來，我們頭一次把成員分成勞方和資方兩組，然後分別發給兩組一個白板和三個問題，這三個問題是要讓他們：一、思考對方的需求、目標和挑戰；二、想想看可以調整哪些做法，為對方提供更多幫助；三、考慮如何評量這些做法產生的影響。二十分鐘後，全部的人回來聚在一起。我們先請其中一組報告他們對第一個問題的想法，接著請另一組報告，然後再進到下一個問題，這一次交換兩組報告的順序。

還沒進到第三個問題，報告就演變成非常向外的熱烈討論，雙方對彼此的需求和困難，展現出真誠的關切。不到四十五分鐘，這群領導人就解決了他們之間的衝突，而且完全是靠自己解決，我們沒有插手給予任何引導。我們唯一做的，就是幫助他們準備好一起用向外心態齊心協力，以及設計並提供最後練習時的簡單架構。他們用一種強化彼此工作關係和信任的方式，解決了雙方的爭端。

我們把這兩天大部分的時間，花在幫助他們走到有能力解決問題的這一步。換句話說，在這個案例中，改變心態需要花上兩天的時間。但是從改變心態著手，可以促成行為轉變快速發生。兩天的心態準備工作，讓這些領導人在四十五分鐘內完成了六個月以來一直沒辦法解決的問題。

不論是重新思考社區的警察工作或是解決勞資爭議，當人們看見需要改變的情況時，很容易立即訴諸改變行為的方法，因為這看起來是最快的途徑。但是如果心態沒有改變，想要實現改變是難上加難，往往會變成最慢的途徑。

我們鼓勵大家在實施改變行為的計畫之前，先檢查自己的心態，問自己下面這些問題：我（或我們）是不是已經用向外心態徹底想過這件事？我是否了解相關人士的需求、目標和挑戰？我有沒有根據這些人的需求、目標和挑戰，來調整自己的做法？我是不是認為自己應該要負起責任，審視自己對這些人產生的影響？

先從改變心態做起，必定能夠更快實現改變。

12 找出共同的目標

回想一下本書前面介紹過的成功建立向外心態文化的組織：奇普・胡斯率領的特警小隊；馬克・巴利夫和保羅・哈伯德使五十家護理機構轉虧為盈的故事；露易絲・法蘭契斯寇尼與主管團隊；格雷格・波波維奇領導之下的聖安東尼奧馬刺隊；比爾・巴特曼創立的CFS2公司；艾倫・穆拉利拯救福特汽車公司的故事；特伯樂鋼鐵公司的傑克・豪客和賴瑞・海茲；還有麥特・唐曼席克、琳達・凱隆、查多・維拉羅布斯，在堪薩斯市西城社區行動聯盟中心奮鬥的故事。

這些人和組織在培養向外心態上的具體做法不盡相同，但是有一個要素始終一致不變，並讓他們走上了向外心態，而不是從一開始就註定失敗的向內心態。

這個要素是什麼？那就是在每一則故事中，領導人都推動組織追求一個共同目標——這個目標立即使得每個人感覺投身於超越自我的更偉大事物，並且需要每個人和其他人攜手合作才能成功。

奇普・胡斯率領的特警小隊，開始重新檢討與社區民眾之間的關係，無論對方是不是嫌犯，他們應該要如何與其互動。新的共同理想浮現之後，隊員團結一致動起來，用能夠實現理想中警民關係的方式，來與民眾互動。他們決心平等尊重每個人，要做到這一點，就必須把彼此視為同一個團隊的成員，給予同樣的尊重。

馬克・巴利夫和保羅・哈伯德，與員工合力找出他們想要達成的目標，這個共同的目標就是「一次顧好一個人，十年豐富百萬人的人生」，而他們培養向外心態文化的方法，是讓其他人能夠完全發揮創意去實現這個共同目標。如同奇普特警小隊的目標，馬克和保羅想要達成的結果，需要每個人的參與，他們必須想辦法豐富病患的人生、豐富彼此的人生。

格雷格・波波維奇和馬刺隊的目標，不用說，當然是冠軍。但是真正讓他們團結在一起的，是他們追求冠軍的方式。「贏得冠軍」這個目標，並不足以激勵一個組織轉為向外心態，抱持向內心態的組織同樣可以追逐冠軍夢。而激勵馬刺隊的是他們的共同信念，相信必須團結合作贏得冠軍，全心全意以大局為重，忘卻小我。要達到這樣的結果，需要所有人一條心，而他們的表現說明了一切。

比爾・巴特曼讓全公司一起集思廣益，想辦法協助他們視為「顧客」的債務人。那些最棒的點子往往出自團隊成員，而不是他自己。大家同心協力，專注於幫助受困於債務的人在社會中站穩腳跟，全公司環繞著這個目標動起來。

艾倫‧穆拉利重振了一家瀕臨破產的公司，方法是協助經營團隊把重心放在製造全世界最棒的車子，達成對所有人有益的成長。他們的工作必須顧及顧客、供應商、經銷商、員工和投資人的利益，這意味著所有人都必須站出來加入合作，幫助每一個人獲益。

傑克‧豪客、賴瑞‧海茲和特伯樂鋼鐵公司的其他人，在一個快速衰退的市場中力求茁壯，方法是授權給組織內不分階級職責的每個人，自己判定怎麼做對公司最有益。這個行動方案同樣需要所有人參與。

麥特‧唐曼席克的團隊，邀請西城的臨時工一起參與改造西城的計畫，目標是讓大家有個乾淨安全的生活環境。這個共同目標促使他們投身於社區活動，也影響了那些找工作的人在社區內的表現以及和民眾的互動方式。

露易絲・法蘭契斯寇尼在談到她如何推動整個公司建立向外心態文化時，如此描述共同目標的重要：「我們聚焦於成功，而且是以一種重視其他人的方式來達成目標，所以才能如此快速前進。公司文化環繞著這個目標發展。有些人意見很多，有些人不愛說話，還有一些人脾氣不好，這些我都不在乎。我們要的不是一個複製人軍團，人人用同樣的方式工作。每個人有各自的工作方式，但是都朝向一個共同的目標前進。重要的是接納差異，大家都把焦點放在成果上。」

所有的組織本來就是一個共同體，不論是整個企業或是站在最前線的一個小隊，都是一個共同體。當人們組織在一起時，本來就有一個共同的目標，等著我們去找出來並一起合作達成。然而，太過常見的情況是，組織裡的人只重視釐清各自的職責，並不了解自己的角色對組織整體的共同目標有何重要性。有時這是因為組織的架構沒有清楚顯現出這個目標，有時則是因為領導人沒有說清楚，或是沒有負起應盡的責任，協助底下的人看見自己對整體成果的影響，然後做出適當的調整。

清楚明白的共同目標，能夠讓個人和團隊改善自己在組織內的貢獻，不必等著更了解組織各部門之間連結的人來下指令。一旦釐清了共同的目標，就不必要求誰去配合誰做出調整，因為他們自己就會做出調整。假如有家公司裡的個人和團隊都懂得彼此配合，並且把實踐向外心態工作模式視為己任，時時調整自己的做法，以確保對公司共同目標的實現做出正面貢獻，那真是一家理想的公司。無論如何，每個人都能決定自己要不要成為這樣的貢獻者。

你可能會想問，要是你工作的組織剛好沒有什麼共同的目標，而且你對這件事也沒有插嘴的餘地，該怎麼辦？即使處在這種情況，你還是可以用共同目標來為自己定位。我們建議你用圖15做為參考範本進行思考。

你有一個頂頭上司，這個上司要達成的目標是什麼？你的上司努力要達成的成果，就是你的一個共同目標。為什麼？因為你產出的成果構成上司的一部分成果，你必須和其他人合作（包括你的顧客、同事和下屬），才能產出上司需要你實現的成果。

當你利用圖15的向外心態架構重新定義自己的角色時，可以用以下這些問題來問自己：

- **對上司：**我是不是清楚了解上司的目標？我可以做哪些事去了解上司的目標？我該怎麼做，才能確認自己對上司想要的成果負起責任，做

圖 15　職場中的向外心態

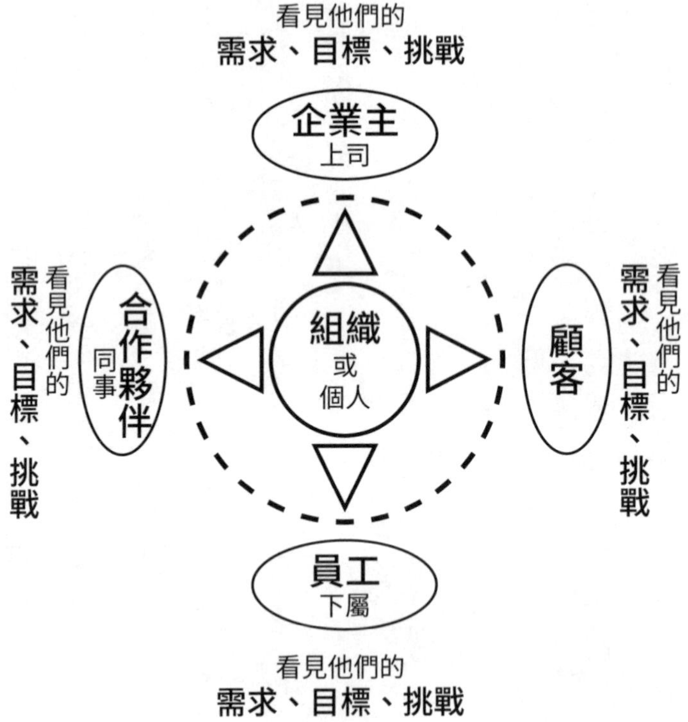

出貢獻？我需要和誰合作，才能協助上司達到這些成果？

- **對顧客：**哪些人是我的顧客？他們有什麼目標是我可以幫上忙的？我該如何評量顧客是不是真的從我這裡得到了幫助？
- **對同事：**哪些同事會被我做的事影響？我是不是知道自己是在幫他們，還是阻礙他們實現目標？
- **對下屬：**下屬的能力有沒有成長？我有沒有和他們一起訂出整個團隊的共同目標？他們是不是了解自己對這個目標有哪些貢獻？他們是否了解自己做的事如何影響其他人對團隊共同目標的貢獻？他們有沒有把自己對工作中各個面向的關係人所產生的影響，當成自己的責任？我能做什麼幫助他們扛起責任？

不論你在公司處於什麼職位，都可以用這種方式重新思考自己的工作，弄清楚自己可以做哪些事來實現共同的目標，做出自己那一份不可或缺的貢獻。

如果你是組織內的領導人，不但可以用這套方法釐清自己的角色，還可以和你的團隊或部門一起創造出追求共同目標的工作架構。

如果你是高階主管，可以藉這個機會為全公司推行向外心態工作模式，以奠定堅實的基礎。如果沒有一個指引性的目標，讓所有員工為了其他人的利益通力合作，那麼向外心態的風氣將難以為繼。反過來說，有了這個貫穿一切的共同目標，就能採取一連串具體的做法，成功打造出向外心態文化。接下來的三章我們將進一步探索其中三種做法。

13 授予全責

有太多領導人在不自覺的情況下認定領導者的職責是控制，他們奉行柏拉圖的「分工」，根據政治思想家漢娜・鄂蘭（Hannah Arendt）的說法，這套分工原則影響政府和軍隊架構已有數千年之久。她主張工業革命後企業的運作方式，和君主政體及軍隊一樣，分成兩個階段：計畫和執行。於是在大部分組織內可以見到壁壘分明的兩個陣營：頭腦對身體、掌握知識的人對做事的人、操縱者對被操縱者。

有這種「領導／被領導」涇渭分明界線的公司，往往充斥著藉口與指責。負責做事的人，可以把蹩腳的表現怪到不切實際的計畫或是沒有傳達清楚；而負責計畫的人，則把失敗怪罪於執行不良。領導者呼籲大家更有責任心，但是大部分組織的架構都欠缺培養責任心的條件。

向外心態的領導人會讓人承擔完全的責任，也就是授予「執行」和「計畫」這兩方面的責任。讓我們來看一下在家庭中的一個例子。

為了做家事的問題，約翰・哈里斯和希薇亞這對夫婦與孩子長期抗戰了許多年。每個星期都上演同樣的戲碼，孩子不肯做他們分配到的家事，父母不是一邊發脾氣，一邊自己動手做，不然就只能忍受髒亂。他們試過很多方法逼孩子做家事，有時嚴厲責備，有時失望地什麼也不說，但是沒有一種方法奏效。

有一天，約翰和希薇亞想到，家事分配是採取「動腦／動手」分工制。孩子小的時候，父母當然必須負責大部分的思考和計畫工作，但是他們領悟到，自己並沒有隨著孩子的成長調整做法，還是由他們兩人判斷該做哪些事，然後指示孩子去做。父母負責動腦，孩子負責動手。

體認到這一點之後，約翰和希薇亞開始調整策略。「要不要把孩子拉進來參與計畫？」他們這樣考慮。希薇亞擔心孩子可能不明白一些她認為很重要的事情有什麼了不起，但他們還是抱著樂觀的希望把孩子找來，一起討論大家認為家庭責任應該怎麼分配：有哪些事情該做？誰要負責做？什麼時候必須做？什麼時候不必做？等各種問題。

討論過程中，孩子們提出意見，想要擴大討論範圍。其中一個孩子問：「家庭娛樂呢？我們整天只聽到『去做這個』、『去做那個』。我們能不能討論一下全家可以一起做哪些有趣的事？」

於是全家人一起討論，一起計畫，互相爭執，然後互相妥協。他們認識到彼此的需求，媽媽、爸爸、每個孩子的需求，這使他們能夠更全面地思考可以做哪些事、該做哪些事。他們計畫了該做的工作，也計畫了遊樂活動，甚至計畫好沒做到大家同意事項的人，會受到什麼處罰。有一部分的計畫則是根據孩子們的主張：不是每一件事都得有計畫。在這個過程中，「做事的人」變成了「計畫者」，而「計畫者」則加入「做事的人」的行列。這樣的改變大大改善了家事的完成度，也改善了家庭關係。

哈里斯家的經驗也可以套用於一般的組織。向外心態的組織有一個明顯的特徵，就是允許並盡量鼓勵組織內的人，絞盡腦汁投入計畫及執行任務。我們說的「絞盡腦汁」意味著全部的心力，包括意志力和情感。向外心態的人做事時，可以說是動員全身上下每一個細胞。

你可能會想：「這對哈里斯家有效，但在我們家絕對行不通，在我的公司也是。要是讓我家小孩對家事發表意見，他們一定會偷懶；公司裡的人做事時，根本很少動腦筋，更別說要他們計畫了。」說不定你曾經試過邀請其他人加入討論，但是他們壓根沒興趣。

丹・馮克（Dan Funk）遇到的正是這種情況。丹的公司最近買下了一家搖搖欲墜的護理機構，他是新的領導人。這裡的員工習慣了聽上級一個指令才做一個動作，儘管丹要他們打破這種不用心的工作習慣，但由於積習已深，起初他們似乎毫無反應。於是丹集合領導團隊開會，企圖來個「重新開機」。

丹先起頭：「讓我們一起腦力激盪。想像一下，如果沒有任何預算考量，沒有任何限制，你們有什麼一直想為病人做的事嗎？有沒有什麼特殊服務是你們想要提供的？有什麼想要改進的地方？什麼都可以，沒有限制，盡量發揮。把你們的想法丟出來。」

出乎意料的是，沒有半個人回答。

丹環視每個成員，試圖誘發一絲回應。

但還是沒回應。

丹滿心疑惑，「怎麼可能沒人有任何想法？」接著他恍然大悟，過去向內、控制式的管理方式，讓這家機構的所有人養成了自掃門前雪的習慣。由於員工很少得到授權去滿足身邊存在的種種需求，於是乾脆停止看見這些需求，落個清靜。由於很少被允許自己動腦去想，所以員工停止為整個組織、為顧客（也就是病人）著想。在這家機構內，看見並回應其他人需求的能力，就像久未活動的肌肉，已經退化萎縮了。

於是丹另出新招，開始陪在各階層員工的旁邊一起工作，建立關係，並且一邊工作，一邊詢問他們對於如何改善這個或那個流程的意見。丹張大了眼睛尋找機會，幫助他們自己看見潛在的可能性。他會在工作中發問：「你覺得這個部分可以有什麼改善？」或是「你的病人有什麼需求？你可以做什麼讓他們開心？」

在這個過程中，丹必須努力抵抗把自己的想法強加在別人身上的誘惑。他說：「我學到了當人們生出一個點子的時候，讓這個點子自由發展並付諸實行，是很重要的一件事。只要這個點子不會扯大家後腿或是造成傷害，最好是讓團隊成員執行自己的點子，然後發現有什麼需要改進的地方，這比起由我指揮他們執行我的點子，對組織更有益。我已經數不清有多少次，到最後都發現別人的點子比我的想法棒多了，還有，當人們被准許實施自己的點子時，會投入更多力氣去做，這些事讓我想起來就覺得不可思議。」

當團隊成員看到自己能對同事和病人產生什麼影響時，所體驗到的那種喜悅是具有傳染力的。很快地，整個機構上上下下都在尋找可以調整做法的地方，以提供更多幫助、產生更積極正面的影響。

儘管如此，有些員工對周遭的需求是如此麻木不仁，看起來似乎永遠不可能做出有益的貢獻。丹回憶起自己很早就決定有一個特定的員工——住院部的主任，大概撐不過去，只能開除。丹還記得，有一天這個主任態度猶豫地找他商量，透露說她一直想要擴張職務內容，可是一直沒有機會時，他有多驚訝。她想知道除了辦理住院，自己是不是可以去她家附近的一家小醫院試著建立關係。這家醫院從來沒有送病人過來，丹覺得這麼做沒什麼損失，就讓她試試看，正好趁這個機會看清她的能力。

回顧當時的情況，丹說：「過了一個月，在她的努力下，開始湧進我們機構的病患人數，多到讓我的下巴都要掉下來了。」丹說到這一段時，情緒愈來愈激動。「她在自己身上看到了我拒絕看見的潛能。她的人生因為這段經驗而在很多方面完全改變。我的人生也改變了。我下定決心絕對不再擅自斷定別人的能力，要先給他們足夠的機會才行。一想到還有好多人被我拋下，這些人原本可能有偉大的成就，但從來沒有得到表現的機會，就讓我感到痛心。」

丹繼續說：「我發現如果我試圖把自己的想法強加在其他人身上，而且還不准他們有意見，其實是在妨礙而不是幫助他們。身為領導人，我的工作不是準備好每個問題的解決方案。有人來找你商量他們面臨的問題時，你要能夠說出：『嗯，聽起來這個問題很棘手。我很想聽聽看你想出來的最佳方案，告訴我們應該怎麼解決這件事。』說到底，評估我領導效能的指標，不是我能完成什麼，而是我所領導的人有能力完成什麼。」

另一個例子是卓越空調與淨水公司（Superior Water and Air）的執行長羅伯・安德森（Rob Anderson）聚集了領導團隊，開始推動「全腦」或者可以稱之為「全我」的向外心態。在這個過程中，領導團隊重新思考了他們的工作與公司客服代表之間的關係。羅伯問大家：「如果我們開始考慮客服代表的需求、挑戰和目標，可以想到什麼？」

一位主管回答：「這個嘛，我們可以從記住他們的名字開始。」房間內的其他人點頭同意，自動開始試著說出他們記得的客服代表名字。

另一位主管提出意見：「還有，我們會想要更了解他們的工作情況。我們或許應該加入他們，試著去做我們要求他們做到的那些事，看看有什麼感覺。」

有人接話說：「我試過一個早上，結果飛也似的逃離現場。那種工作我絕對做不來！」

另一個人幫腔：「可是他們賺的錢比我們少很多。」這句話讓所有人陷入沉思。

「所以客服代表的工作應該是怎麼樣的呢？」羅伯提問。大家討論了現實的情況，包括工作環境不夠理想、處理客訴的龐大壓力，還有公司不同部門對他們的要求。

一位主管說：「你們知道嗎？我們真的搞錯方向了。我們只會告訴他們該做什麼、必須實現什麼成果。難怪這個工作這麼討人嫌。」

這時，有位主管開砲批評這整套思路：「所以說我們應該怎麼做？隨他們愛做什麼就做什麼嗎？我們需要他們完成我們交派的任務，才能達成公司的目標。」

這個反對意見聽起來很有道理，但是其基本假設是：你無法信賴其他人會完成任何事，除非清楚交代他們該做什麼、該怎麼做。就是這種「動腦／動手」的二分法，差點扼殺了丹・馮克手下住院部主任的發展機會，而哈里斯家的情況也是在拋棄了這種二分法以後，才得以真正改善。

大家應該要在一個共同目標的架構之下，參與決定自己需要做出什麼貢獻。每個人都有腦袋，應該鼓勵組織內的每一個人用腦去思考並履行自己的職責。羅伯和領導團隊運用向外心態工作模式，重新思考自己與客服代表之間的關係之後，接下來他們必須抗拒越俎代庖的衝動，讓客服代表自己去重新思考自己的角色。為了實現有效的領導，羅伯和領導團隊必須協助客服代表投入同樣的思考流程，也就是用第八章介紹的向外心態工作模式重新思考自己的角色。圖16重新畫出了此工作模式的三個步驟。

圖 16　向外心態工作模式・個人版

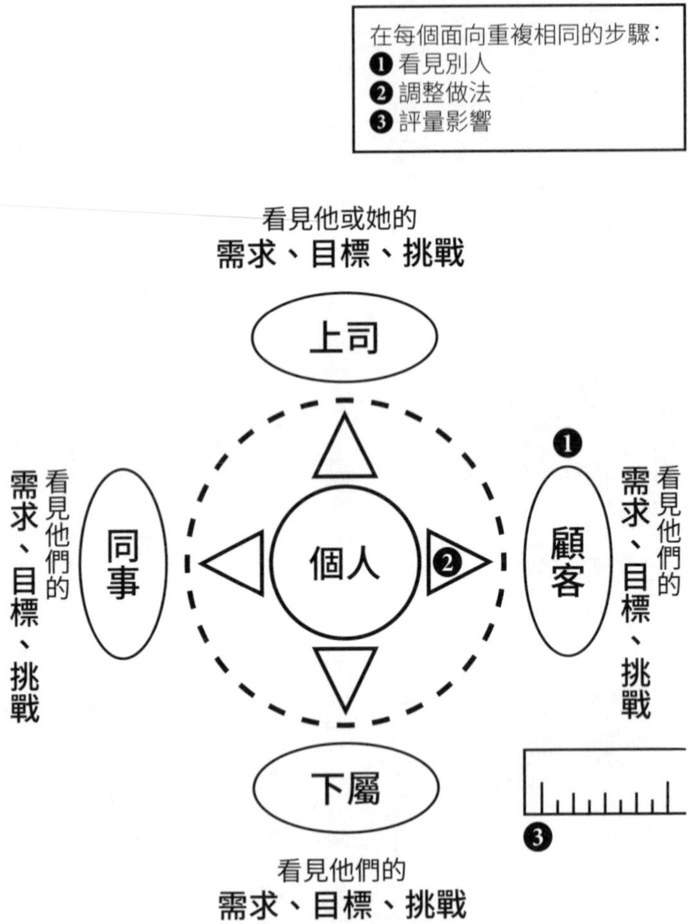

在向外心態工作模式中，客服代表首先要了解：受到他們影響的族群有什麼目標，包括主管團隊。接著要能夠發揮創意，決定自己在工作中需要做出哪些對別人更有幫助的調整。然後他們要評量自己對每個面向產生的影響，以及對整個組織的貢獻。

這套步驟能夠輕易擴大或縮小規模，甚至擴及整個組織，原因之一是個人的向外心態思考流程，與團隊、整個組織或企業相同，互為表裡。圖17畫出了企業版的向外心態工作模式，基本架構相同，僅替換了四個方向的族群。

比較圖16和圖17，可以發現個人和企業都需要對顧客負責。兩者都有上級——以個人來說是頂頭上司，企業則有董事會、股東或其他對象。兩者都有同事或合作夥伴（企業的合作夥伴可能包括供應商）。而在公司內

圖 17　向外心態工作模式・組織版

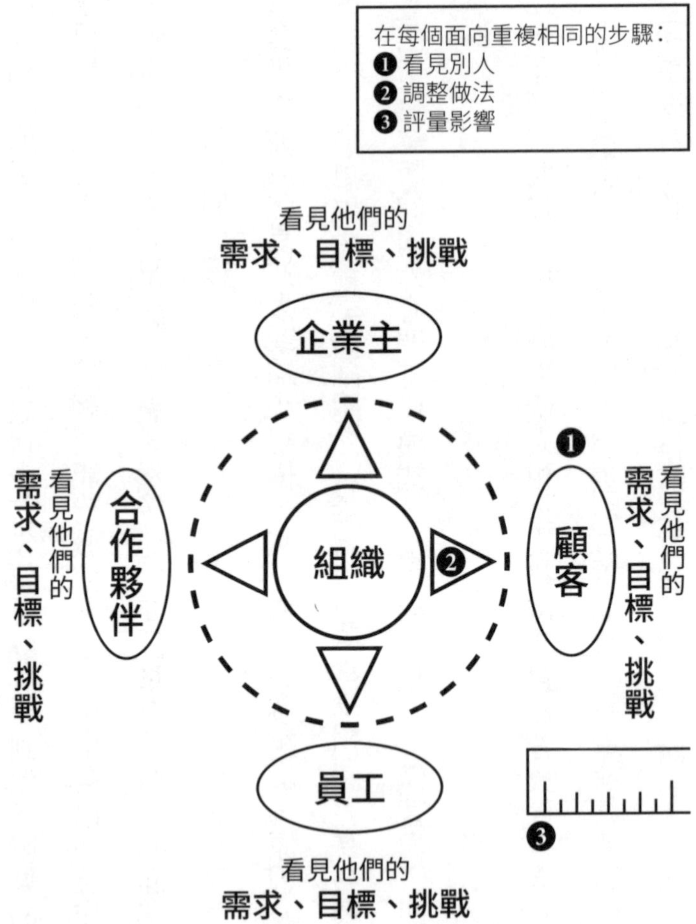

的所有經理人都有下屬，正如同企業必須對全體員工負責。

不論是個人、團隊或整個公司，都可以採取相同的向外心態工作模式，公司領導人可以用這套方法重新思考公司的運作方式，公司內的所有員工也可以用同樣的方法從個人立場去重新思考，並且做出調整。

要廣泛推行這套方法，有個辦法是讓每個人、每個團隊、每個部門到整個企業，都畫出自己的向外心態關係圖。請想像一個組織，裡面的個人和團隊完全清楚自己對哪些人負有責任，所有人採用的工作方式都秉持著「要幫助他們負有責任的族群獲得成功」的信念。想像組織內的所有部門都能取得諒解和所需的工具，以向外的方式運作。再想像這個企業本身從使命、策略到架構和體系，都以這種方式重新思考過，讓整個組織動起來，發揮最大的影響力。

繼續想像下去，假設你可以檢視整個公司內部，看到哪些人和團隊用向內心態在做事，然後決定應該在哪邊投入更多時間和關注。想像一下，你可以幫助組織內所有人在工作的每個面向學會自我管理、自我問責，持續積極調整做法，為別人提供更多幫助。如果你能讓公司的向外心態發展到前面所想像的程度，對公司的生產力會有什麼影響？

14 減少差別待遇

前一章討論過的「領導／被領導」二分法顯現於公司內的一個跡象，我們稱之為「差異的圈套」（trappings of difference），也就是一些外在的地位表徵，只有特殊階級才能享有。從向內心態出發時，我們不覺得這類差別待遇有什麼問題，甚至覺得這些差異應該存在。相對的，當我們抱持向外心態時，會把其他人看得和自己同樣重要，因而有謙遜之心；而謙遜正是第一章裡面提到的，馬克・巴利夫和保羅・哈伯德根據他們的經驗，所認為的最重要領導人特質。我們知道，如果任何措施或方針向其他人傳達出「你們不像我們那麼重要」的訊息，將會阻礙我們打造向外心態的組織。

曾經有兩個亞賓澤協會的顧問受聘前往倫敦，當他們踏進客戶總公司電梯，按下頂樓的按鈕時，電梯裡的一名男子說了句：「啊，頂樓。」語氣中的厭惡清楚傳達出他的言下之意：「你們覺得自己是大人物，是吧？」

這句話顯現出這家公司一個可能的問題癥結點，那就是領導階層選擇和公司內的其他人隔離。

在某些案例中，把高階主管的辦公室設在遠離其他人的同一區，是有合理的商業考量，但即使在這類案例中，為什麼主管需要占用最好的樓層，依然是個有爭議的問題。為什麼不能選中間樓層？或者為什麼不能用地下室？如果領導者會去質疑自己享有的特權，並且發現沒有重大的商業理由支持這些「差異的圈套」，就會願意縮減自己和其他人之間的差別待遇，從而創造出一個更有可能實現心態轉變的環境。

在其他的情境中也是這樣。舉例來說，如果媽媽用兩套標準來管自己和孩子，將無法發揮正面的影響讓孩子改變心態。為什麼？因為「寬以律己，嚴以律孩子」所傳達出的訊息是：媽媽認為自己比孩子更重要。這將會引發孩子的反抗心，甚至會讓孩子因此而討厭媽媽、痛恨媽媽訂下的規則。要是父母和孩子都遵守同一套標準，對孩子會更有說服力。

當然，父母和孩子有很大的差異，像是要負的責任不同等，所以該做的事也不一樣。職場也是如此，執行長和剛進公司的大學畢業生的職責當然不一樣，沒有人會認為這兩個人在公司內應該享有同樣的待遇。話說回來，比起那些熱愛特權的領導人，執行長和其他領導人如果能夠盡量減少和下屬之間的差別待遇，更能激發出下屬對工作的熱誠。

這也是第八章介紹過的艾倫．穆拉利能夠成功的一大原因，先是波音公司，後是福特汽車公司，都在他的領導下實現了正向的轉變。穆拉利受到各階層員工的愛戴，有部分是因為他不擺領導階層的架子，不把自己當成大人物。比方說，他不在氣派的主管用餐室吃午飯，而是跑去福特汽車公司的員工餐廳，拿著塑膠餐盤跟大家一起排隊。他用心傾聽裝配線工人的意見，一如在主管會議中聆聽身旁人的發言。他認為沒必要只因為他位在組織圖上的頂點，就把自己和其他人分隔開來，他也不想這麼做。

若要知道組織是不是已經準備好在下一個階層推行心態轉變，一個值得參考的經驗法則是看上一個階層的人是不是真的改變了，而且讓位於下一個階層的人看到這些改變。當領導人開始質疑自己享有的特權是否必要時，就會開始有明顯的改變。為了促成這種有益的轉變，領導人可以問自己一些問題像是：我們需要保留最好的停車位嗎？或是占據最棒的辦公空間？設專用餐廳是不是把我們和其他人隔絕開來？少數人享有的福利，是不是能開放給其他人一起享受？有哪些「大人物的排場」是可以刪去的？我們給自己優渥的薪資和待遇，對待員工是不是同樣慷慨大方，給予相襯的薪資福利？

我們在第八章和第九章介紹過從向內心態轉為向外心態工作模式的三步驟，你可以用這三個步驟去重新思考組織內的傳統和習慣。第一步是認真考慮組織內其他人的感受，以下是一些引導思考的問題：在這裡工作有什麼感覺？員工是否感覺被重視？是否感覺被了解？是否感覺領導階層有把他們放在心上？公司裡有哪些差別待遇可能使他們感覺很不愉快？哪些差別待遇使他們感覺自己被輕視？

第二步是問自己一些有助於激發靈感的問題，以做出有益的調整：該怎麼做才能讓其他人了解我們對他們的重視和感謝？怎樣才能更充分了解別人的觀點和考量？公司目前存有哪些「領導階層的排場」？這些充門面的架子和差別待遇中，有哪些符合商業考量、哪些不符合？我們要如何縮減領導階層和組織內其他人之間的差距？

最後的第三步是考慮如何評量你所做的這些改變產生了哪些影響，並且持續重新評估新發現的差別待遇：怎麼做才能與員工維持更緊密的連結？怎樣才能收集到來自各階層的回饋意見與建議，並且保持開放的心胸接受這些意見？身為領導人的我們，該如何持續自我檢查，確認沒有讓不必要的區隔把我們和其他人分隔開來？

幾年前，當時領導麥迪遜廣場花園（Madison Square Garden）體育部門的史考特・歐尼爾（Scott O'Neil）找我們和他手下的主管合作。我們的同事與史考特及其領導團隊在紐約碰面，經過兩個小時的討論，他們想到的一個問題啟發了一系列非常重要的發現，這個關於差異的問題是：在這個組織內，哪些人或哪些族群最可能感覺自己被視為物品對待？

他們列出可能的族群以後，發現最可能感覺到被視為物品對待的人，正是和顧客接觸最多的人：收票員和帶位員。領導團隊認為這些人很可能感覺被忽略、不受賞識，而且被視為理所當然。這個發現讓他們憂心不已。如果負責與顧客互動的人，本身被視為物品對待，他們又會怎樣看待顧客？於是領導團隊開始思考能做些什麼，目標是消弭第一線工作人員與組織內其他人之間的差別待遇。

麥迪遜廣場花園的領導階層開始協力同心，努力記住比賽日的兼職員工姓名和背景，他們認為這些人對麥迪遜廣場花園來說，與季票持有人及贊助人同樣重要。領導階層和全職員工的態度及行為，都應該要傳達出這一點，任何人都不應該不屑去做兼職員工被要求去做的事。「如果你在地上看到一張紙屑，就撿起來」成為了麥迪遜廣場花園領導階層和全職員工掛在嘴邊的口頭禪。這只是消弭差異的其中一個方法，而在許多方案的配合之下，整個組織很快建立起「一體同心」的心態。

另一個經營多家醫院的客戶，也在組織內發現了同樣的問題。急診室人員中，最深刻感覺自己被視為物品對待的，竟然是那些最先接觸到病人、影響病人第一印象的櫃檯人員，他們負責受理急診、處理保險問題等。這一類工作人員在醫院中稱為「輔助人員」，光是這個名稱就透露出很多事情，想想看「輔助」這兩個字傳達出什麼意思？

當醫護人員和技術人員想到，這個職稱會讓這些員工對自己的職責產生什麼聯想，他們立刻得到和麥迪遜廣場花園領導階層同樣的領悟：他們怎麼看待這些輔助人員，這些人就會怎麼對待病人。於是他們也和麥迪遜廣場花園領導階層一樣，開始重新思考組織內的差別待遇。

門羅軟體公司（Menlo Innovations）的理查・謝禮丹（Richard Sheridan）和他的同事在許多方面都有精彩的表現，包括消除差別待遇。理查和所有員工，都在同一個空間內一起工作，每個人用同樣的桌子。無論大小會議也都在這個空間舉行，每個人都能旁聽、學習和參與。

理查說：「有些人可能會好奇，在一個完全開放、不受任何規則限制的空間裡，公司的執行長要坐在哪裡？大部分公司會讓高階經理人擁有專屬的辦公室，以展現他們的身分地位。但是我們的執行長辦公室不是什麼坐擁風景的轉角辦公室，而是一張放在公司正中央的桌子，上面擺著一臺舊舊的白色 iMac，大概是全公司最慢的一臺電腦。這就是我，本公司的執行長所坐的位置。」他補充說明：「我坐在正中央，是因為團隊要我坐在那兒。有時候團隊決定我需要更了解某個特別困難的案子，就會把我的桌子搬到那個專案負責人所坐的那一區裡，這樣我可以聽到更多細節。每過幾個月，我就得調整前往新座位的路線。」

理查和他的團隊甚至消除了整個公司對派頭排場的講究。如果你想要造訪這家位於密西根州安娜堡（Ann Arbor）的公司，把車停進位於自由街和華盛頓街之間的停車場後，你得搭電梯到沒有對外窗的地下室。這棟七層樓停車塔的地下室，原本是美食商店街，現在則是這家不允許大頭存在的極端成功的公司之根據地。

當領導者開始認真執行「不要把自己看得太重」的計畫，開始消弭自己和其他人之間的差別待遇，就表示準備好開始擴大改變心態的工作。

15 扭轉體制

要成功實現心態改變，一個重要層面是重新思考組織的目標、體制、策略和流程。很多體制和流程在設計時，會把人當成物品來管理，而不是以讓人們更能勝任工作為目標，因而產生了隨處可見的負面結果。如果能用向外心態重新思考這類體制和流程，將能收到巨大的效益。

回想一下第十三章哈里斯家的故事，基本的計畫流程改變以後，使得家務的幫忙情況及家人之間的關係有了顯著的改善。雖然並不是所有問題就此獲得解決，即使是家務問題也不是完全被解決，卻建立起一套完全不同的基礎去因應成功和失敗等各種不同情境。哈里斯家採用的新方法，是把家庭中的計畫流程轉變為一個向外心態的流程，就能夠激發、強化並支持向外心態的作為。

圖18和圖19顯示出兩家公司有同樣的體系架構，包括匯報方法、銷

售流程、績效評鑑系統等，而這也是所有公司共通的架構。

圖18的組織內所有體系和流程都是向內的三角形，代表這些體系和流程在設計和執行時，把員工當成物品看待。可想而知，這些向內的體系和流程會在整個組織內誘發並加深向內心態。

另一方面，圖19的組織內所有體系和流程都秉持著「把員工當成人看待」的理念發展出來並實施。如同前面兩章探討過的內容，「把員工當成人看待」意味著承認員工有腦袋，能夠做計畫，能夠負起責任執行，能夠創新，並且有意願也有能力彼此協助，對彼此負責，想要一起建立及實現讓人熱血沸騰的成果。因為如此，所以我們用向外的三角形畫出這種向外心態組織的體系和流程。由於這些體系和流程在設計時的目標是幫助人們，所以會在整個組織內誘發、強化並協助維持向外的風氣，如果公司叫

圖 18　向內心態的體系和流程

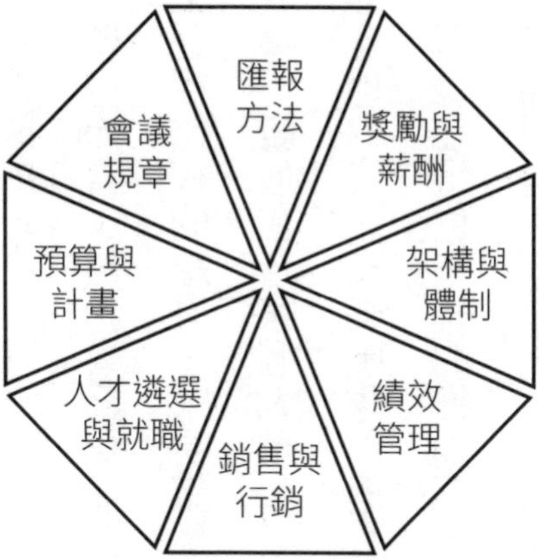

圖 19　向外心態的體系和流程

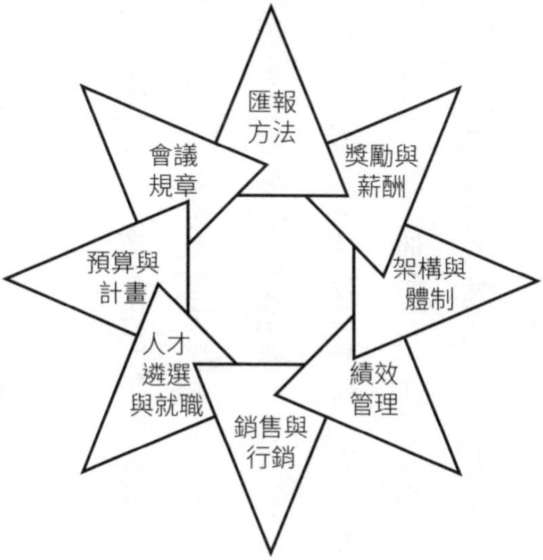

員工用向外心態做事，卻堅持實施用來「管理物品」的體制和流程，到最後體制和流程將會勝利，包括公司本身及其顧客、員工和利害關係人，終將成為落敗的一方。

舉例而言，想想看鐘形曲線或強迫分配的員工績效排序制度，根據員工互相比較的結果，來決定你位於哪一級、將受到何種處置。我們要說的故事，發生在一家個人電腦業巨擘的新手主管身上，他領導一個分散於世界各地的資訊安全團隊，儘管團隊成員相距遙遠，沒什麼機會面對面互動，但是在這位主管的推動下，開始展現向外心態。他們的工作是為公司全球各部門提供服務，而團隊成員開始學會在工作中考慮到同事的需求，然後調整做法。

然而快到年底的時候，這位主管注意到團隊成員倒退回以往的向內心態行為，開始會「留一手」，停止合作。人人開始猛推自己的任務，不管這樣是不是會妨礙到同事。

這位失望的主管拿起電話，追問從日本到約翰尼斯堡的團隊成員，到底是怎麼了。有些防衛心很強的人，指責其他同事是造成他們向內心態行為的原因；有些人則支吾其詞，否認有任何變化。最後有個團隊成員說出了事實，反問他：「你不知道嗎？現在是年底，是打考績的時間。我們都知道這個流程是怎麼走的。你得幫大家打分數，只有少數幾個人能擠進前十五％拿到績效獎金，最差的十％會被解雇。考慮到接下來的情況，你覺得我們會有什麼反應？」

這種鐘形曲線強迫排名制度，是根據團隊成員相對的表現來區分等級，評估的並不是員工真正的生產力和產出成果。這種制度會產生難以抗拒的龐大誘惑，將人拉往向內心態，但是把人當成物品對待的公司很難看到可行的替代方案。如果根據「用了多少資源做出多少成果」來評量真正的績效，說不定會發現應該要開除的員工遠遠超出十%，或者正好相反，每一個成員都應該留下來。要做到這一點，公司必須信任主管和領導者，交由他們去實際領導、培育下屬，而不是透過各種規範去管理。

我們很能理解為什麼有時候公司會覺得有必要實施強迫分配制，尤其是超大型公司。當主管被要求為下屬打分數的時候，往往感受到必須灌水的壓力，有時他是因為從向內心態的角度，覺得必須讓下屬喜歡自己，有時則是因為他們沒有善盡領導的責任，去了解下屬有哪些地方需要改進。無論分數灌水的原因是什麼，總之，公司的應對之策就是強迫分配制，強迫主管排出下屬的績效表現順位。如同先前所述，這麼做將會使組織付出龐大的代價，公司卻在無可奈何之下依然選擇這種做法。

如果你身處於這種制度內，而且沒有做出改變的權力，是不是意味著你什麼也做不了？答案是否定的，你可以想一想如何在這種制度內維持用向外心態做事，並幫助你的下屬用向外心態思考。例如，你可以召集團隊，教他們第七章的向內心態架構（圖11）以及第八章的向內心態工作模式（圖12）。你可以鼓勵他們在工作的四個面向為自己產生的影響負責，讓他們知道年度考績將會反映他們在這方面的努力成果。然後你可以透過定期會議督導他們的進展，協助他們改善做法，提升自我問責的意識。

光是靠你的努力，無法使整個組織免於受到強迫分配制的負面影響，然而你還是能幫助下屬在組織體系內成長，增進生產力。沒有任何體系能阻止你這麼做，除非你允許自己放棄。

話雖如此，如果公司告訴你要有向外心態，但是獎勵和薪酬制度卻鼓勵向內心態的表現，你的確很難抵抗這種誘惑。向外心態在職場上最常見的阻礙，就是採取向內心態的成就指標。

湯姆・布萊金斯（Tom Brakins）的故事就是一個很好的例子。他服務於全球最有實力的公司之一，暫且稱之為「藍達公司」，被身邊的人暱稱為「布萊克」（Brak）的他，是這家公司的頂尖業務主管，所以公司委任他挽救一個非常重要的客戶。在布萊克接手之前，藍達公司已經掉到這個客戶的首選供應商名單第十六位，也就是最後一名。客戶那邊的聯絡人告訴他，下一次選拔時，藍達將會掉出名單外，這對布萊克的公司來說是一個大危機，極有可能失去這個價值超過五千萬美元的客戶。

布萊克挑選了一個團隊來協助他留住這個客戶，不遺餘力地幫助該客戶。在短短十八個月內，藍達公司爬上了同一份名單第一名的位置，這是前所未聞、不可能的成就。而藍達公司之所以能在十八個月內從最後一名攀升到第一名，是因為客戶感受到布萊克團隊的鼎力支持。

不久後，布萊克在客戶那邊的聯絡窗口（暫且稱她為朱麗）送了一份貼心的禮盒給布萊克和他的妻子，恭喜他們的孩子出生。接著，她又發了語音訊息追蹤問候，並且在留言中提到和藍達公司的合約即將更新。她告訴布萊克，如果他們兩人能直接碰面，在十二月初搞定這件事，可以省下雙方團隊的時間和精力，還說預算在她手裡，她認為事情會很輕鬆順利。

這對布萊克來說是個大好消息，原因有好幾個。第一，朱麗的話印證了她對布萊克團隊及藍達公司所提供服務的信任。第二，這麼大筆的交易可以讓布萊克率領的團隊達標，對整個公司來說是一筆重要生意。第三則是藍達公司特有的一個理由，根據公司的內部規定，如果能在到期日前完成合約更新，無異於挪走架在業務團隊脖子上的一把大刀。

為什麼這條規定會讓藍達公司的業務團隊如此害怕？因為該公司的營收有很大一部分來自附有更新日期的現存客戶合約，而財務部在研究過這些客戶以後發現，過了更新日之後才完成續約的話，平均而言會導致合約金額大幅縮水。公司領導人想要逼迫業務人員在更新日到期之前敲定合約，於是想出了這條合約更新規定：業務人員必須在合約更新日前完成訂約，而且金額必須比之前的合約高出五％以上，做不到的話就得等著獎金被砍，上上下下全體業務人員一起遭殃。

這條規定在理論上很美好，但實際上發生的情況是：無法達標的處罰太重，以致業務人員被迫為了準時達標而做出不得已的折讓。換句話說，這條規定原本的用意是防止業務人員因為錯過更新日期而造成損失，結果反而促使他們在合約到期之前做出太多讓步。很多內部規定都是這樣，紙上談兵看起來很合理，一旦實際施行卻產生許多意想不到的負面結果。

在布萊克的案例中，與朱麗所屬公司的合約更新日是十二月三十一日。布萊克和朱麗不到十二月初就擬定好一份六千六百萬美元的新合約，與正常的服務價格相比，這個金額相當於做出將近一千萬美元的折扣。但是布萊克認為這樣的折扣不僅讓對方獲益，對藍達公司而言也符合商業利益的考量。布萊克和團隊成員很高興比期限提早那麼多天就成交，就不用眼看時間逼近而壓力愈來愈大。

然而好事多磨，朱麗的財務人員跑過數字以後，認為藍達公司占了他們的便宜。起初朱麗並不相信，因為這和她接觸布萊克團隊的經驗背道而馳；可是這個財務分析師堅持看法，最後說服朱麗相信藍達公司不老實。朱麗感覺被背叛了，跟著跳進來檢查細節，想要知道布萊克團隊是怎麼欺騙他們。

布萊克很肯定朱麗的財務分析師算錯了，因為藍達公司計算出的結果顯示，朱麗所屬公司從這筆交易得到的好處與布萊克的承諾一致。但是隨著十二月三十一日的期限迫近，遲遲無法定案的陰影成了藍達公司上下各階層領導人的心頭刺，他們開始為自己擔心而不是為客戶著想。布萊克受到極大的壓力，不擇手段也要在十二月三十一日以前成交。

焦慮的布萊克放棄了戰鬥，為了確保他和團隊達成規定，最後他同意多折扣六百萬美元，降低合約金額至六千萬美元。

你可能會認為這對客戶是一件好事，但這些折扣並不是為了客戶的利益著想，這一點雙方團隊都心知肚明。為了達到自己的績效指標，藍達公司的整個機制人仰馬翻。確實，朱麗所屬公司因此得到更進一步的經濟利益，但是藍達公司的向內心態使得原本建立於信任之上的關係，轉變為殺價交易的關係，很可能危及未來藍達公司為朱麗團隊提供服務的能力。

後來情況變得更糟，朱麗突然斷了聯絡。日子一天天過去，合約始終沒簽成，布萊克卻找不到朱麗。布萊克甚至沒有事先通知一聲，就飛到朱麗所在的城市去找她，結果無功而返。驚慌的情緒開始在藍達公司的北美事業部領導團隊中蔓延，要是布萊克的案子沒有達標，整個北美地區的數字就會很難看，大家的前途懸於一線。

最後在十二月二十八日，朱麗打電話給布萊克。原來這麼大規模的合約，必須由公司執行長簽署，而朱麗不知道是不願意還是沒辦法，一直沒把這份合約上呈給執行長簽署。到了現在，執行長不在國內，要等到一月的第一、二週才能找到人。布萊克聽了以後告訴她：「這樣不行啊，朱麗。我們給的折讓條件是你們公司要在三十一號以前簽署合約生效。若延到一月，我們沒辦法啊。」

「抱歉。」朱麗說。「我已經盡力了。只能等到一月。」

布萊克失望到了極點——主要是對自己感到失望，因為他知道是自己允許自己死命追著一個與客戶完全無關的指標，結果搞砸了與客戶之間的關係。

這個案子在兩週後以六千萬美元的價格簽定，錯過了內部規定的期限。結果北美地區的數字沒有達標，帶來嚴重的後果。此外，儘管客戶得到了鉅額折扣，卻指名要求把布萊克從團隊中除名；布萊克一走，藍達公司在供應商名單上的排名再次一路下滑。

直到今天，布萊克講述這段往事的時候，依然可以聽出他聲音中的痛苦。他說：「這一切就算沒有辦法完全避免，至少應該有辦法避免愈滾愈大。要是我們多為客戶著想一點、多關心客戶的指標、少關心一些我們自己和那糟透了的向內心態指標就好了。向內心態讓我們對內和對外兩面落空：對外破壞了和這個客戶之間的關係，對內是讓大約二十個藍達公司的員工心灰意冷。他們老是聽到公司裡的口號喊著『一心一意為客戶』，然後到了關鍵時刻，他們卻看到公司領導人包括我在內，一心一意只想著自己。後來有一大票人離職了，他們對這裡失去了信心。」

到底是哪裡出了錯？原因出在藍達管理階層設計用來管理銷售人員的方法，與客戶的需求沒有半點關聯，結果這條規定使銷售人員關心的焦點，從顧客身上轉移到自己的身上，心心念念的只有這條內部規定，又沒有其他力量把他們的注意力拉回到客戶的需求，整個陷入了向內心態。

比較一下布萊克和第九章希望升起團隊的故事：希望升起團隊發現用「提供了多少乾淨的水（內部指標）」來衡量成果，並不足以讓他們知道是否滿足了服務對象的需求。他們更深入了解需要服務的對象以後，發現這些人想要乾淨的水，主要是因為想讓孩子上學，於是希望升起團隊開始用「孩子上學的天數」來當作評量成果的指標。請感受一下，希望升起團隊和藍達公司這兩個例子中所關注的焦點是多麼不同！藍達公司用來評量成就的主要指標，是從客戶那兒收到多少錢，希望升起團隊用來評量成就的主要指標，則是他們對顧客產生的正面影響。

你比較想要為哪一個組織工作？

你比較想要向哪一個組織購買產品？

在向內心態的組織內工作的領導人，可能會覺得向外心態的組織看起來很奇怪，竟然用各種使人們獲得權能的體制和流程，去管理被他們視為物品的員工，豈不是很危險？

這正是向外心態是一大競爭優勢的原因。不願意採納向外心態的人，不可能成功複製向外心態的體制、流程和方法；然而，成功翻轉為向外心態體制的組織，則有能力達到並維持更高水準的表現。前面的章節中已經介紹了很多實際的例證，比方說：

露易絲・法蘭契斯寇尼和主管團隊（第三章）採用向外心態的規畫程序，使他們的規畫週期比競爭對手大幅縮短。CFS2公司（第七章）的向外心態顧客服務程序及員工獎勵結構，產出了領先業界的收益。福特汽車公司（第八章）的檢視會議，讓公司得以跑在金融危機前面，勝過其他對手。特伯樂鋼鐵公司（第十章）努力不懈地協助組織內的每個人和每個團隊，用向外心態重新思考自己的角色和職責，因而做出了領先業界的亮眼成績。

從聘僱及就職訓練、銷售與行銷流程、預算作業、獎勵制度、績效評估與管理，到組織內的其他每個體系、架構和流程，都可以從向內或向外兩種立場出發去建構及施行。那些認真想要實現向外心態的組織，會翻轉這些體制和流程，有了向外的體制和流程，將更能引發並強化向外的工作方式。

16 擁抱未來

亞賓澤協會曾經為一家製造業的大公司舉辦員工訓練活動，在活動接近尾聲時，引導員向大家解釋一個人轉變為向外心態以後，並不會使其他人跟著做出同樣的轉變；其他人還是有各自的想法與心態。

一個參與者發表意見說：「我了解，但是對於那些我知道他們關心我的人，我常常會有不同的反應，就是會這樣。他們沒有要我做出不同的反應，但是我幾乎可以說是控制不住這種反應。他們對我的關懷，引發我想要更為他們著想。」很多人紛紛點頭同意。

另一個人說：「我的經驗也是這樣。我常常很驚訝地發現，一個人的心態改變到最後，確實會引發其他人的改變。」

坐在教室後方的一名男子表示強烈反對：「我一點也不贊成。」他愈說愈大聲。「我幾乎總是採取向外心態，但似乎沒有人在意！」他激動到脖子上的血管突起，他說的話和他的反應構成明顯的對比，讓一些參與者暗自偷笑。

這時，教室後面的一名女性舉起手；之前她從沒發言過。她問：「我可以說一個故事嗎？」

「當然可以。」引導員回答。

她開始娓娓道來：

很多年前，我的哥哥犯下嚴重的罪行，讓我們全家登上新聞頭版好幾個月。這個可怕的事件讓我們聲名掃地，家人分崩離析。我沒辦法形容我們全家人感受到的那種痛苦和困惑，只能說那是一場大災難。為了逃離籠罩我們的恥辱，我們一個接一個搬離了那個地區，試著建立新生活。一年又一年過去，我們會固定碰面幾天聯絡感情，但是我們新構築起來的家庭結構，有部分建立在大家心照不宣地抹去我哥哥在家中的存在。

過了幾十年，這個哥哥終於出獄了。經過的時間已經長到足以讓我們完全刪除關於他的記憶。但是他突然回來了。不久之後我們剛好安排了家族聚會，他跑來參加。我們跟他聊天，但是每一字每一句都帶著緊張不自在的氣氛。怎麼可能沒有這種感覺？我們到現在都還覺得就是眼前的這個人毀了我們的一生。

她停頓了一下，然後繼續說。

我哥哥在第一天午餐時間的某個時候消失了蹤影。到了晚上，我們猜想他不會回來了，老實說，我們鬆了一口氣。這下子不必再勉強找話題，可以放鬆享受彼此的陪伴。我們可以回到那個費了很大工夫才終於變成的家庭。

但是在那個晚上，隨著時間推移，我領悟到一件事：我們差一點又要再次失去這個哥哥，而且這一次搞不好是永遠失去。在那一刻我就知道，我不能允許這種事發生。這並不表示我不再有任何芥蒂或反感，我的內心和其他家人同樣掙扎。只是我知道自己不能就這樣讓他走，好像我根本就不在乎他，對他沒有感情。在那一刻我下定決心，我要每個月寫一封信給他，維持他和家人之間的聯繫。這是一件小事，卻是一件我知道我做得到的事。

從那時候到現在已經過了七年，我每個月都寫信給他。你們知道嗎？

到現在我還沒收過他的回信。

教室裡的人發出倒抽一口氣的聲音，清晰可聞。她趕快解釋：「沒關係的，不要緊。因為我不是為了自己做這件事，我是為了他而做的。」

對所有想要堅持向外心態的人來說，這個故事是非常重要的一課。有時候，要擁有向外心態是很容易的，我們可能身處在一群彼此關懷的人中，所以用向外心態去回應，完全是再簡單不過的自然反應。舉例來說，跟我們同一個工作團隊的人，可能充滿活力，熱心助人；或是我們有幸生在一個溫暖包容的家庭中。在這些情況下，要維持向外心態很容易。為什麼？因為我們感覺到被關心，感覺到對方用向外心態為我們著想，所以不需要也不想要對他們採取自我防衛的姿態。我們幾乎是毫不費力就自然而然回報以同樣的關心。如同第九章引用的布蘭達・厄蘭的描述，我們發現自己在這些人的面前能夠展現自我。一個人的向外心態會引發其他人相同的反應。

不幸的是，同樣的原則反過來也適用。當我們遇到向內心態的人時，可能會感覺對方不在乎我們的看法和意見，因此發怒或封閉退縮。這種以其人之道還治其人之身的反應，將使我們捲入向內心態的鬥爭，如同第十章所敘述的信用部和銷售部對立爭執的情況。這類爭執可能持續一分鐘、一天，或許甚至一輩子。

雖然一個人的向內心態不必然會造成其他人以向內心態回應，但確實會引誘其他人用同樣的態度回應。所以最大的挑戰是：遇到同事或家人展現向內心態時，我們要堅持以向外心態回應。

還記得第一章提過的馬克・巴利夫嗎？在他成為成功的高階主管之前，在大學畢業後的第一份工作中，年輕的他和上司相處得很不好。剛畢業的他滿懷雄心壯志，選擇加入一家成立不久、才十多人的公司，他非常認同這家公司的理念，很期待做出一番貢獻，幫助這家公司成長為理想中的樣子。

然而隨著日子過去，馬克從菜鳥變成工作了兩年的老鳥，卻愈來愈灰心喪志。他感覺在這兩年間，他在公司裡的職責沒有增加，還是跟他上班的第一天一樣，這表示上司並不看好他的能力。

馬克感覺自己懷才不遇，被打壓、被忽視。每一天他都感覺自己被迫害，被禁止大展長才。挫折感演變為憤怒，馬克想像中的那個未來似乎永遠遙不可及。他開始到處投履歷。

馬克正在計畫退場時，他景仰的一位導師型人物，也就是他上司的上司，說想要和馬克聊一聊。終於，過了這麼久，馬克感覺到撥雲見日，他心想：「他看到我做了多少。他知道在我那個上司底下工作有多困難，所以他要插手管好這件事。他會安慰我，說我表現得不錯，然後幫助我規畫在公司裡成長的途徑。」馬克滿心期待的去赴會。

但是當他坐下來以後，他的導師卻開口說：「馬克，我們需要你更努力。」

馬克又羞又窘，這句評語和他的期待落差太大，他震驚到說不出話來，只能靜靜聽著導師試著點醒他的話語，讓他看到自己如何壓抑自己，沒有在工作中全力以赴。

馬克在當場說了一些為自己辯護的話，但是這段談話引導他開始思考自己的一些行為。他回到家，那天晚上無法入睡。

他躺在床上，在心中重播過去兩年來的許多事件，起初這些事讓他重新燃起怒火。但是，他仔細品味了導師對他說的話，開始注意到原本被他忽略的事實。他看到自己躲著上司，還公開批評上司想做的事。他看到自己不肯主動站出來接受新挑戰。他看到自己的消沉、抱怨、退縮和逃避。

夜愈來愈深，馬克開始懷疑他常在心裡翻來覆去痛罵上司的那些內心獨白。他想：「要是她真的那麼壞，為什麼我得在心裡花那麼多力氣去說服自己相信這件事？」接著他突然想通了，那些獨白影響了他看待上司的方式。「搞不好我一直告訴自己的那些事，根本不是真的？」這個念頭讓他跳下了床。

他抓起一本黃色筆記本，在中央畫了一條分隔線，然後在左半邊列出他對上司種種不友善的作為：惡搞她、挖她牆腳、讓她失望等，寫了大概半頁。接著他開始在右手邊寫下他可以貢獻的地方，洋洋灑灑寫了好幾頁，每翻一頁他就感覺自己彷彿脫去了一層鐐銬。馬克盯著這些從他腦袋裡湧出的點子，突然領悟到該負責的人是他自己，是他困住了自己。這個領悟讓他破繭而出，一個充滿全新可能性的世界展現在他眼前。

馬克回到公司，開始實行他寫出的一些改變。他一邊做，一邊感受到上司的上司對他說的話是正確的：公司需要馬克付出更多，而且他也有這個能力做到更多。他不再是曾經扮演過的那個受害者。他的上司是不是有時候很難搞？是的。馬克是不是還會不時感覺被欺負？是的。儘管如此，他體認到這些都只是藉口，以前被他用來為自己的欠缺努力開脫。其中有些挑戰是真的，但是最大的限制是他施加在自己身上的。其實他一直可以自由地做更多事，憑自己的意志做得更好。

馬克表示，這段經歷是他職業生涯的轉捩點。如果他的導師對馬克和公司不夠關心，也不夠有信心到願意告訴他真相，並且要他更努力，馬克很可能不會有今天的成就。

改頭換面後懂得自我問責的馬克，開始在工作中有活躍的表現，擔起更多更多的責任，他的能力也隨之成長。一年內，他已經成長到準備好把握一個為健康領域客戶提供服務的良機，而這段經歷使他得到的產業知識，到最後成為他與人合創公司的基石，而這家公司已經豐富了數百萬人的人生。

馬克的故事可以歸納為一個最關鍵的問題：我能做什麼來提供更多助益？

在工作中我能做什麼來提供更多助益？在家裡我能做什麼來提供更多助益？對那些我認識和不認識的人，我能做什麼來提供更多助益？我能做什麼？我看待自己和其他人的方式，能不能讓我做到我能做的事？

向外心態的一個指標，是看這個人願不願意在生活各領域誠心誠意問自己上面這些問題，並且在得到答案後不畏困難地積極行動。想一想本書中分享的故事，從奇普和特警小隊為嬰兒泡牛奶，到艾倫・穆拉利拯救福特汽車公司，到那名鍥而不捨寫信給出獄哥哥的女性，在這些故事中都可以看到同樣的關鍵問題及同樣的精神。

所以面對同事和家人時，你要怎麼做？

想一想我們討論過的內容。不論做什麼，都可以從向外或向內這兩個相反的角度出發；你選擇哪一條路，會在很大程度上決定得到什麼結果。

- 從心態著手。善用向外心態工作模式三步驟：看見其他人（See）、調整做法（Adjust）、評量影響（Measure）。（第八、九、十一章）
- 不要等待其他人改變。最重要的一步就是不管別人是否改變，自己率先改變心態。（第十章）
- 動員團隊或整個組織，去實現一個共同目標。（第十二章）
- 讓人負起全責。從自己開始做起，成為自己工作的主宰。從計畫、行動到影響，都由自己負責，然後幫助其他人成為各自工作的主宰。（第十三章）
- 消滅不必要的差異，避免讓差別待遇在你和其他人之間造成隔閡。（第十四章）
- 在權責範圍內，重新思考組織的體制和程序，將之翻轉為向外，創造出讓人們充滿動力的環境，而不是把人當成物品來管理。（第十五章）。

我們希望本書能帶給你啟發，一如馬克・巴利夫的導師為他所做的事。如果能讓你產生「我能做得比現在更好」的念頭，那麼閱讀本書就算是值回票價了。

所以你看到了什麼？你是怎麼想的？更重要的是，你打算怎麼做？

希望各位享受閱讀本書的過程。我們在亞賓澤協會的網站中提供了一些額外的資源，包括一份心態檢核表，可以用來檢視你和組織的心態有多向外。此外，本書中介紹的許多人非常慷慨地同意允許我們拍攝影片，如果你想要更深入了解這些人物和組織的故事，請至 www.outwardmindeset.com 觀賞影片。

附錄
選擇：打破協作壁壘

覺察自身心態（Mindset），保持開放的領導狀態

企業內，與跨部門的管理者意見不合時，會出現以下幾種狀態。如果是您，您會選擇與哪位同事合作？

A：我比你有經驗，你就應該聽我的，按我說的做。

（我比你行，你不聽我的就會後悔。）

B：你們不喜歡我的建議啊？你們比我有經驗，那就聽你的吧。

（我覺得自己不如你們，就聽你們的吧。）

C：你能具體說說對哪些方面不同意嗎？我們可以一起討論出更好的方案。

（我對別人的想法很好奇，我要靜下心來詢問和傾聽。）

大多數的人會選擇跟第三種人合作，那第三種人有哪些特徵？好的企業的管理者具備以下這些特徵：

- 對合作開放，把不同的意見視為帶來更好結果的機會。
- 在遇到問題時，不為自己找藉口或指責他人，而是伸出手，邀請他人一起尋求解決方案。
- 提升人際關係，建立正向的人際關係循環。

這樣的管理者，他們的內在心態是開放的，被美國亞賓澤協會稱為「向外心態」。反之，封閉的狀態被稱為「向內心態」。向外心態的培養是促進合作的關鍵。美國亞賓澤協會在人文領域經過多年研究後發現，很多培訓強調正確的行為是什麼，卻忽略了行為底下更深的東西——心態。心態不改變，行為就很難有所突破。

本課程講解的就是不同心態及其影響。課程中將讓學員對自己的行為背後的心態不斷進行反思，瞭解自己如何陷入封閉，並可以怎麼樣走向開放的心態，從而能正確掌控自己的心態，並發揮正面積極的力量。課程從心態著手，填補國內培訓市場在內心課程的空白，課程可與史蒂芬・柯維的《與成功有約：高效能人士的七個習慣》媲美。

我比你行

我認為自己
優秀、重要、
品格高

我該得到

我認為自己
值得稱讚、不被公平對待、
不被欣賞

在向內心態下
我把自己置於別人之上

在向內心態下
我把自己置於別人之下

我比不上

我認為自己
有缺陷、跟不上別人、
無力

我只得到

我認為自己
被監視、有風險、
被批評

課程效益

- 心態：意識到自己處於哪種心態，做出自己的選擇。
- 技能：瞭解自我違背的過程和自我合理化的方式，識別自己的心態，減少共謀對峙，運用自我覺察工具、心態轉變工具、向外心態圖，以及向外工作的個人工具和團隊工具。
- 應用：破除協作壁壘，促進人際關係，創造和諧的企業文化。

課程綱要

為什麼心態很重要？

- 心態決定行為，行為產生績效結果。在面對挑戰和機會時，不同心態的人會怎麼做呢？不同心態的組織會是什麼樣的呢？

兩種心態

- 「向外心態」：認為他人像我們一樣重要，情緒是平靜的，更容易合作；專注於大家的結果。
- 「向內心態」：認為他人沒有我們重要，情緒是負面的，更容易引起衝突；專注於自己的結果。
- 向內心態有三種狀態：工具、障礙和空氣，什麼時候人們會把他人當成工具、障礙和空氣呢？這樣又會有什麼影響呢？

我們如何掉入向內心態

- 人們通常都想選擇「向外心態」，那麼，什麼時候會從「向外心態」轉變為「向內心態」呢？過程中發生了什麼呢？這種轉變會帶來什麼樣的結果呢？
- 自我覺察工具：自我違背

向內心態的典型表現

- 在「向內心態」時，人們需要「自我合理化」，誇大自己所看到的現實或者掩蓋別人看到的現實，以證明自己是對的。「自我合理化」是怎麼回事呢？如何覺察自己的自我合理化呢？
- 「自我合理化」有四種方式：「我比你行」、「我該得到」、「我比不上」、「我必須被視為……」。

- 我們常用哪種「自我合理化」方式呢？我們是怎麼想，怎麼說的呢？
- 自我覺察工具：向內心態的典型表現

向內心態↓跨部門壁壘（共謀對峙）

- 當感知到對方在責備自己時，就會跟著責備對方，這樣來來回回，兩個人的相互責備就越來越強烈，都處在向內心態中，容易產生衝突。兩個人之間的衝突，蔓延開來，會引發兩個團隊間的衝突，跨部門之間的壁壘由此形成。
- 自我覺察工具：共謀對峙

如何轉成向外心態

- 當對方處在向內心態中時，要如何去影響他人跳出來，變成向外心態呢？可以做些什麼呢？
- 瞭解與自己工作相關的人有哪些？當自己處於向內心態與向外心態，對跟他人的協作會有什麼影響？
- 在工作中，如果自己處於向外的心態會是什麼樣的狀態？如何能夠做到向外的心態呢？
- 轉變心態工具：消除共謀對峙

我們如何在工作中應用

向外心態工作模式

- 在工作中，如何運用向外心態？如何看到別人的需要？如何調整努力以更好地幫助對方？如何衡量對他人的影響，找到可以調整的地方？
- 轉變心態工具：向外心態圖

向外負責

- 如何衡量我們的績效？在做某件事情的能力如何？對別人有什麼樣的影響？自己的努力程度如何？
- 轉變心態工具：3A+

課程特點

- 這是一門直指內心的課程，填補國內培訓市場在內心課程的空白。
- 深入淺出，用隱喻的方式教學，轉化心態即能轉化行為。
- 解決如何掌控自己的心態，以正向積極的心態對待工作及其中的人際關係，並落實行為層面的改變。

美國管理協會

美國管理協會（American Management Association, AMA）是全球最大的管理教育機構，有著九十四年歷史，在二十個國家的七十六個重要城市設有分支機構。

堅持「實踐者幫助實踐者（Practitioners Help Practitioners）」的理念，美國管理協會的課程注重「做中學（Learning through Doing）」，講師為來自企業界的經理、高級主管、各行業顧問，甚至執行長。美國管理協會為世界《財富》五百強企業中的四百九十五家提供培訓服務，全球每年參加美國管理協會培訓的人數超過二十萬。

美國管理協會（台灣）

- 透過引進世界領先的管理課程和開發適合亞洲企業管理人員實際需要的培訓，建立了完善的課程體系，幫助一線主管提升管理技能，幫助二線主管提升領導力，幫助高層管理者提升策略變革力。
- 透過引入世界領先的行動學習技術、引導技術、教練技術和人才測評技術，結合亞洲企業的實際情況，可以針對企業轉型期的人才發展挑戰，提供完整、靈活、協助企業轉型的人才解決方案。
- 培育了一支最大的專職資深講師團隊，專注於企業諮詢診斷、課程研發、人才發展方案的開發與實現。
- 目前在台北、上海、北京、廣州、深圳、成都六地設有辦公機構，員工兩百餘人。為兩岸每年開辦公開課三百餘場，以及為四百餘家跨國企業、大型國營企業和領先民營企業提供「量身定制」的人才發展方案。

聯絡我們

官網： www.amataiwan.com
Email： service@amataiwan.com
聯絡專線： 02-3765-6668
台北辦公室： 台北市松山區南京東路五段 188 號 3 樓之 3（501 室）

附註

Chapter 2

1. Nate Boaz and Erica Ariel Fox, "Change Leader, Change Thyself," *McKinsey Quarterly*, March 2014
2. Joanna Barsh and Johanne Lavoie, "Lead at Your Best," *McKinsey Quarterly*, April 2014.

Chapter 5

1. For a detailed exploration of the subject of justification and how the need for it arises, see one or both of our earlier books, *Leadership and Self-Deception and The Anatomy of Peace.*

Chapter 7

1. Sarah Green Carmichael, "The Debt Collection Company That Helps You Get a Job," *Harvard Business Review*, August 16, 2013.
2. Ibid.
3. Ibid.
4. Scott Davis, "Gregg Popovich Broke Down What He Looks for in Players, and It Was an Inspiring Life Lesson," *Business Insider*, February 22, 2016.
5. Michacl Lee Stallard, "NBA's Spurs Culture Creates Competitive Advantage," FOXBusiness, February 2 5, 2015.
6. Ibid.
7. Ibid.

Chapter 8

1. If you want to learn more about Alan Mulally and what he and his team did to save Ford, we highly recommend Bryce G. Hoffman's excellent book, *American Icon: Alan Mulally and the Fight to Save Ford Motor Company* (New York: Crown Business, 2012).
2. Hoffman, American Icon, 109.
3. Ibid ., 106-107.
4. Ib1d. , 111.
5. Ibid. , 122.
6. Ibid., 125.

Chapter 9

1. Brenda Ueland, Strength for Your Sword Arm (Duluth, MN: Holy Cow! Press, 1996), 205.
2. Ibid ., 206.

Chapter 12

1. Hoffman, American Icon, 71.

Chapter 13

1. Hannah Arendt, *The Human Condition*, 2nd ed. (Chicago: University of Chicago Press, 1998).

Chapter 14

1. Richard Sheridan, *Joy*, Inc. (New York: Portfolio/Penguin, 2013), 42.

不要窩在自己打造的小箱子裡

——打破「自我」框架，改變組織，改變人生

The Outward Mindset: How to Change Lives and Transform Organizations

作　　者——亞賓澤協會（The Arbinger Institute）
譯　　者——葛窈君
封面設計——萬勝安
內文排版——劉好音
特約編輯——洪禎璐
責任編輯——劉文駿
行銷業務——郭其彬、王綬晨、邱紹溢
行銷企劃——陳雅雯、汪佳穎
副總編輯——張海靜
總 編 輯——王思迅
發 行 人——蘇拾平
出　　版——如果出版
發　　行——大雁出版基地
地　　址——台北市松山區復興北路 333 號 11 樓之 4
電　　話——（02）2718-2001
傳　　真——（02）2718-1258
讀者傳真服務—（02）2718-1258
讀者服務 E-mail— andbooks@andbooks.com.tw
劃撥帳號 19983379
戶　　名 大雁文化事業股份有限公司
出版日期 2019 年 7 月 初版
定　　價 350 元
ISBN 978-957-8567-23-8

國家圖書館出版品預行編目資料

不要窩在自己打造的小箱子裡：打破「自我」框架，改變組織，改變人生／亞賓澤協會（The Arbinger Institute）著；葛窈君譯. – 初版. – 臺北市：如果出版：大雁出版基地發行，2019. 07
面；公分
譯自：The Outward Mindset: How to Change Lives & Transform organizations
ISBN 978-957-8567-23-8（平裝）

1. 組織行為 2. 組織變遷

494.2　　108008979

如果